AF226857

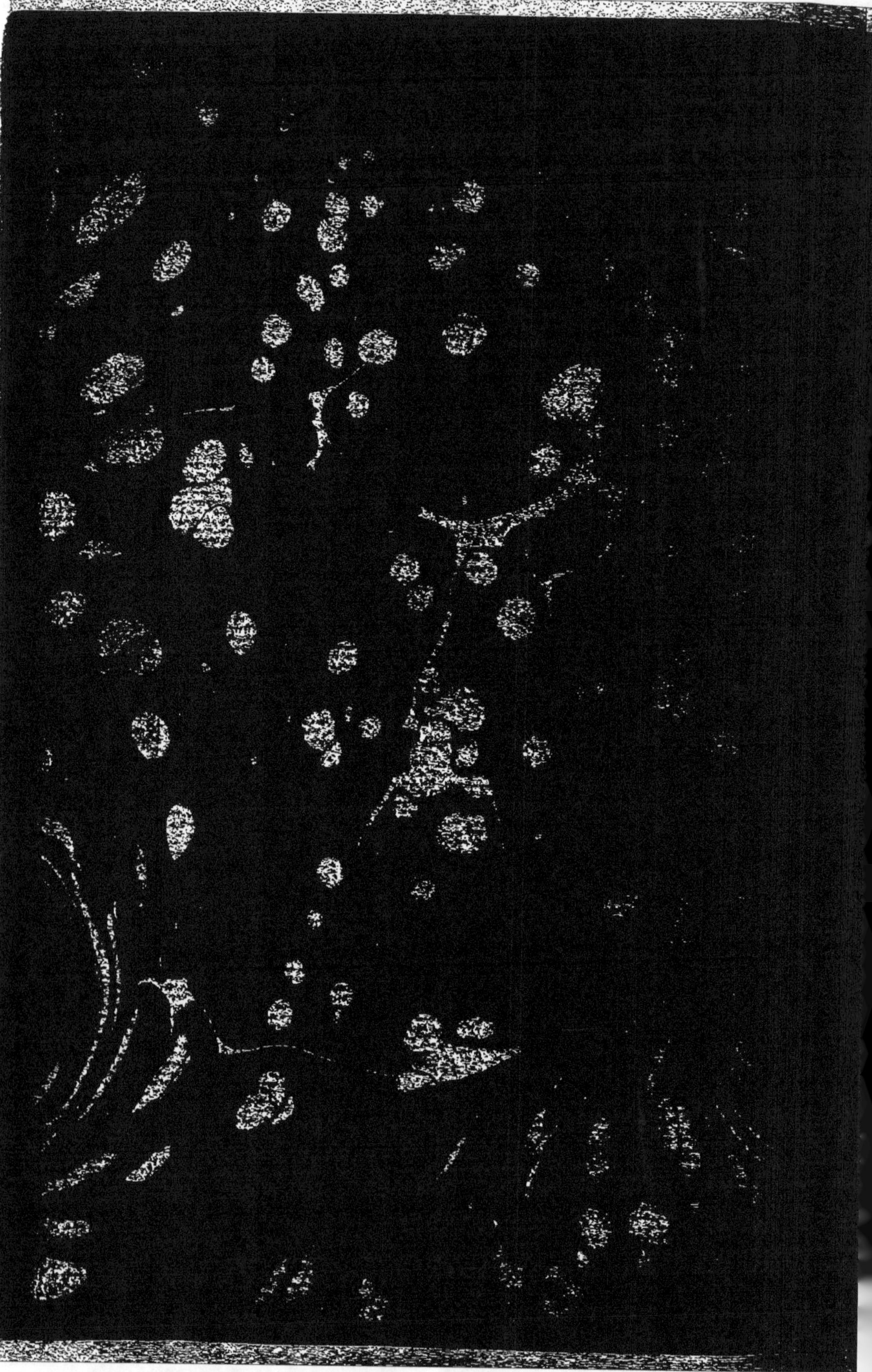

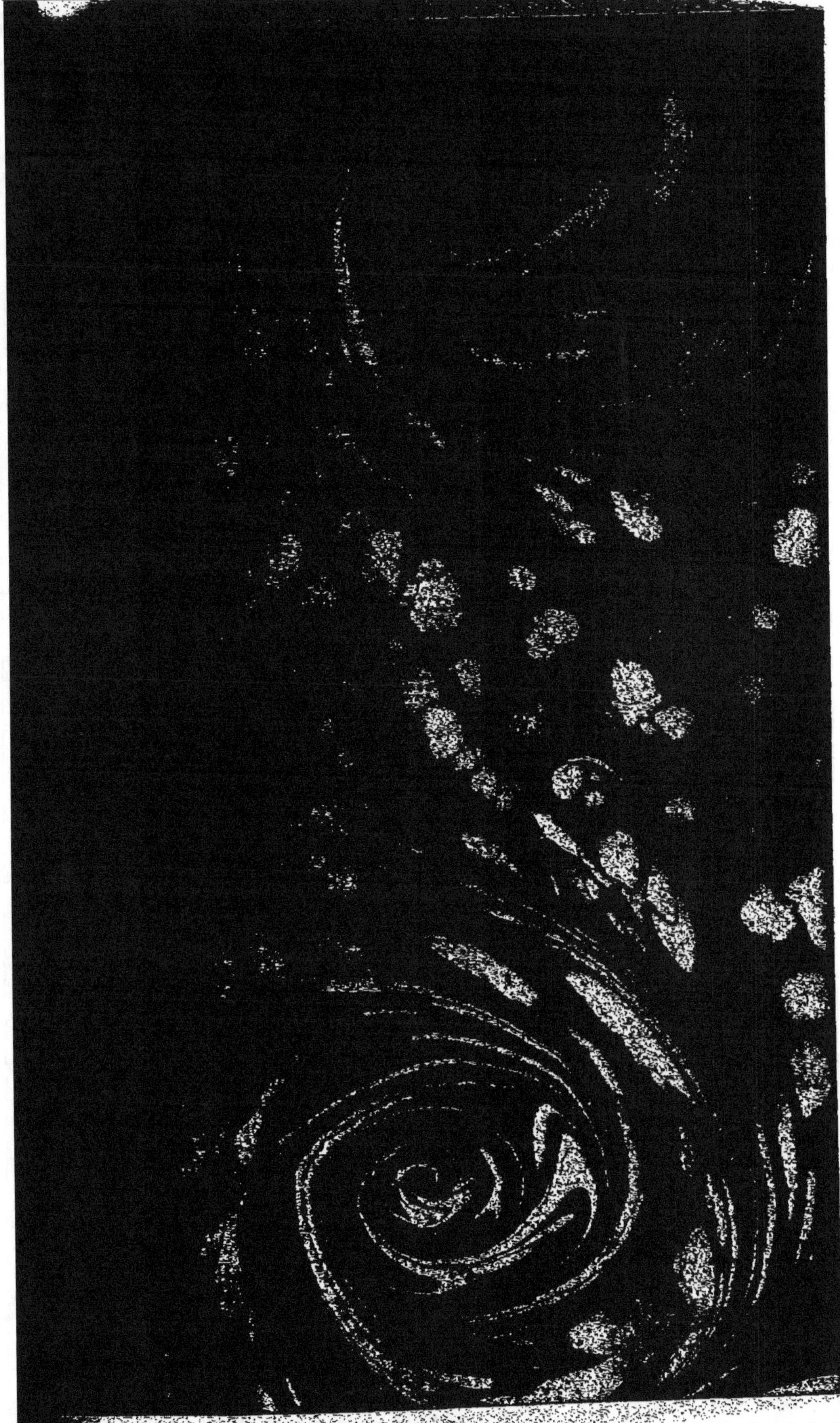

# HISTOIRE
## NATURELLE
## DE L'AIR
### ET
## DES MÉTÉORES.

# HISTOIRE
## NATURELLE
## DE L'AIR
### *ET*
## DES MÉTÉORES,
### Par M. l'Abbé RICHARD.
## *TOME HUITIEME.*

# A PARIS,

Chez SAILLANT & NYON, Libraires,
rue Saint-Jean-de-Beauvais.

## M. DCC. LXXI.

*Avec Approbation, & Privilège du Roi.*

# TABLE

## DES TITRES

## DU TOME HUITIEME.

### DISCOURS TREIZIEME.

#### SUR LE TONNERRE.

Fin de la Table.

HISTOIRE

# HISTOIRE

## NATURELLE

## DE L'AIR

### ET

## DES MÉTÉORES.

## DISCOURS TREIZIEME.

## SUR LE TONNERRE.

Les météores dont l'histoire nous
a occupés jusqu'à présent, ne sont

Tome VIII.       A

accompagnés , dans leur génération
ou leur développement , d'aucune
circonſtance capable de jetter dans
les eſprits la terreur & l'effroi, que
le bruit du tonnerre & l'action
violente de la foudre répandent
ſur toute la nature. C'eſt l'effet le
plus étonnant de l'évaporation,
dont nous avons développé les premières ſuites preſque toutes bien-
faiſantes. Elles ne ſe préſentent
pour la plupart que ſous l'apparence des rafraîchiſſemens ſalutai-
res, & de la fécondité qu'elles répandent par le ſecours des vents,
ſur toute la ſurface du globe.

La douceur des roſées , la fraîcheur des pluies, l'utilité des nuages qui les diſperſent dans les différentes contrées; les vents dont
les excès , s'ils ſont nuiſibles quelquefois, ne ſont que paſſagers, &
dont on trouve mille moyens de ſe
garantir , ne produiſent preſque
jamais des phénomènes terribles
ou effrayans. Cette parure éclatante
& uniforme , dont la matière ſe

modifie au-dessus de nos têtes, & tombe ensuite sur les campagnes, qu'elle couvre d'un vaste tapis d'une blancheur éblouissante, qui se résout insensiblement, amollit la surface de la terre resserrée par les rigueurs du froid, & facilite la sortie de ces émanations douces, de ce feu salutaire qui vient changer la température de l'air, nous annoncer le retour du printems, & le riche développement de toutes les productions de la terre : la neige, ce météore tranquille, en variant la scène de la nature, même dans les climats les plus rigoureux, où elle subsiste presque toujours, n'a d'autre inconvénient à craindre que la prolongation du froid qu'elle y rend perpétuel. Loin d'exciter des mouvemens tumultueux dans la matière des météores, elle semble la retenir dans une inertie constante.

La grêle est le plus triste & le plus redoutable des météores, dont nous avons parlé. Son action est

immédiatement deſtructive : ſi elle
a quelques utilités, il eſt ſi difficile
de les découvrir à travers les dommages qu'elle cauſe, qu'elle ne
peut porter que la triſteſſe & la dé-
ſolation dans les contrées qu'elle
ravage. Dans un moment la campagne eſt dépouillée de ſa parure &
de ſes richeſſes : l'agriculteur auquel
ſes travaux faiſoient eſpérer une
heureuſe récolte, voit tout d'un
coup ſes eſpérances détruites, &
la miſère ſuccéder à l'aiſance qu'il
ſe promettoit. C'eſt ce ſpectacle,
ce ſont ces ſituations dont on ſe
retrace l'idée, qui répandent dans
l'ame, à la chûte de la grêle, une
triſteſſe ſombre, une ſorte d'atten-
driſſement, & de compaſſion ſur les
malheurs de nos ſemblables & ſur
nous mêmes, quand les pertes
qu'elle occaſionne nous ſont perſon-
nelles. Mais comme ſes déſaſtres
ne ſont que particuliers, que l'a-
bondance qui règne dans un canton peut ſuppléer à la diſette qui
ſe fait ſentir dans un autre, la pré-

sence de ce météore attriste, in-
quiete, mais elle n'excite point la
terreur.

Le tonnerre & la foudre par leur
bruit éclatant & redoublé, par leurs
coups imprévus, par la mort qu'ils
peuvent causer de mille manières,
par leurs phénomènes étonnants,
& qui ont paru si long-tems inex-
pliquables, répandent un effroi général ; tout dans la nature tremble
au bruit effrayant qui accompagne
la chûte dè la foudre : l'homme le
plus intrépide est saisi d'un frémissement involontaire. Il ne faut pas
en être surpris : le mouvement communiqué à toute la masse de l'air
qui l'environne, agit nécessairement sur ses organes, & leur imprime une commotion marquée.
Le changement qui arrive aux
qualités de l'atmosphère, y cause
des révolutions subites auxquelles les corps les mieux organisés
ne peuvent pas être insensibles.
Les corps les plus solides en sont
ébranlés; dans ces instans la masse

A iij

même de la terre paroît trembler.

Ce ſont ces grands phénomènes dont nous entreprenons de déveloper les cauſes, & d'expliquer les effets. En leur ôtant ce qu'ils ont de merveilleux & de terrible aux yeux du vulgaire étonné, nous ne pouvons que diminuer l'effroi qu'ils cauſent; non que nous prétendions qu'on doive les braver, & qu'il n'y ait aucun riſque à s'expoſer à leurs coups; mais en. expliquant leur génération, en expoſant les précautions à prendre pour ſe garantir de leurs effets immédiats, nous ſommes preſque aſſurés de travailler au bien général de l'humanité. Nous devons donc combattre ici un préjugé répandu par-tout, affoiblir un des objets les plus puiſſans de la crainte des mortels, les raſſurer contre les effets d'une terreur ſouvent involontaire, par laquelle ils ſe laiſſent ſubjuguer ſans réſiſtance; & comment? en les conduiſant dans le ſanctuaire de la nature, à travers les foudres & les éclairs, par le bruit retentiſſant du tonnerre. Il faut les accoutumer à ne pas perdre de vue le flambeau de la vérité, dont la lumière douce & toujours égale, ne peut être altérée par l'éclat éblouiſſant & momentané du feu des éclairs; il ne faut que l'obſerver conſtamment & la ſuivre.

## §. I.

### *Premières idées ſur l'éclair, le tonnerre, & la foudre. Ce que les différens peuples en ont penſé.*

L'éclair, le tonnerre, & la foudre ſont des météores différens, dont les cauſes productrices ont beaucoup de rapport entr'elles. L'éclair précède ordinairement le tonnerre que l'on entend gronder. Ce premier bruit n'auroit rien d'effrayant, s'il n'annonçoit pas des ſuites formidables, la chûte de la foudre qui eſt accompagnée d'un bruit plus perçant, d'un ſon plus vif, plus

A iv

pénétrant , plus fort qui communique un ébranlement subit aux corps dans le voisinage desquels elle agit , ou qu'elle frappe.

Les effets du tonnerre ont toujours été les mêmes ; dans tous les tems ils ont effrayé les hommes & les ont intéressés. Ils n'osèrent pas d'abord chercher à connoître sa cause par ses effets : ils ne regardèrent le bruit du tonnerre, l'éclat de la foudre & ses ravages que comme la voix d'un être souverain irrité, qui étoit au moment d'exercer ses vengeances sur les mortels coupables, d'une manière d'autant plus terrible que l'on ne pouvoit se souftraire à ses coups, ni les prévoir. C'est dans Virgile, la voix redoutable du puissant maître des dieux & des hommes, dont la foudre fait trembler l'univers (a).

---

(a)      O qui res hominumque deumque
Æternis regis imperiis & fulmine terres.
*Æneid.* 1.

Le bruit éclatant qui accompagne la foudre, lorsqu'elle frappe les édifices les plus solides, qu'elle les renverse, qu'elle enflamme les forêts du mont Athos, donne une idée terrible de la puissance des dieux en courroux (a). C'étoit ce que les poëtes chantoient, le sujet perpétuel de leurs comparaisons, & ce qui servoit à entretenir cette terreur générale qu'imprimoit le bruit du tonnerre. Homère, celui de tous les poëtes qui a le mieux égalé, par la sublimité de ses idées, la majesté des plus grands sujets, ne trouve rien qui exprime mieux l'agitation violente où Agamemnon se trouvoit en considérant l'incertitude du sort des Grecs attachés au siège de Troye, & pour lesquels il

------

(a) Primus in orbe deos fecit timor, ardua cœlo
  Fulmina cum caderent, discussaque mœnia flammis
  Atque ictus flagraret Athos. . . . .

Petron. arbit.

A v

craignoit quelque revers funeste.
« Comme lorsque le maître du ton-
» nerre se prépare à inonder la terre
» d'un déluge de pluie, ou qu'il est
» prêt à souffler les guerres funes-
» tes. . . . . On voit les éclairs se
» suivre sans relâche & traverser
» les cieux ; les soupirs qu'Aga-
» memnon poussoit sans cesse du
» fond de son cœur se suivoient
» de même, & il étoit dans une
» continuelle agitation. (*Iliad.* 10).

Avec ces préjugés que la superstition se plaisoit à entretenir, par
lesquels les maîtres du monde eux-
mêmes étoient subjugués, il n'est
pas étonnant que la terreur ferma
la voie à l'instruction. Auguste,
qui trembloit au bruit du tonnerre,
n'eût peut-être pas souffert patiem-
ment qu'un philosophe lui démon-
trât, par la connoissance des causes
& des effets de ce météore, que
ses craintes étoient mal-fondées.
L'insensé Caligula, qui méprisoit
hautement les dieux, au moindre
éclair, au plus léger retentissement

du tonnerre, étoit faisi de frayeur, & se couvroit la tête ; si le bruit augmentoit & devenoit éclatant, il quittoit son siége avec précipitation & se cachoit sous son lit (*a*).

On sait quelle terreur répandoient dans les armées Romaines le bruit du tonnerre & la chûte de la foudre. La seule imitation de ce bruit étoit capable de porter la crainte dans leurs esprits. Les tambours d'airain des Parthes, recouverts de cuir, jettèrent l'effroi dans l'ame des Romains, & furent une des causes de la défaite de Crassus. Plutarque en donne la raison naturelle, & fait voir que le même bruit qui assuroit le courage des Barbares, troubloit les Romains au point qu'ils n'étoient plus en état de suivre les ordres du général, ni de pourvoir à leur sûreté. « Les Parthes, dit-il, ne s'incitent point » à combattre par le son des cor-

---


(*a*) *Suet on. in Caligula. cap. 51.*

A vj

» nets , ni des trompettes & clai-
» rons , ains ont de gros tambou-
» rins de cuivre creux par-dedans ,
» à l'entour desquels ils attachent
» des sonnettes & autres quinquail-
» leries de laiton ; puis sonnent
» avec cela de plusieurs côtés tout
» ensemble , dont il en sort un bruit
» sourd qui semble proprement mê-
» lé du rugissement de quelque bête
» sauvage & du son effroyable du
» tonnerre , entendant très-bien
» que l'ouïe est celui de tous les
» sentimens qui plus promptement
» & plus vivement émeut l'ame &
» les passions d'icelle , & plus sou-
» dainement fait sortir l'homme
» hors de soi ». *Vie de Crassus ,
trad. d'Amiot.*

De tout tems ces Romains , qui
ne dûrent la grandeur où ils s'éle-
vèrent qu'à la constance d'un courage éprouvé , eurent une frayeur
superstitieuse du tonnerre. Dès les
premiers siècles de la republique ,
on les vit, au plus fort de la guerre ,
abandonner des entreprises heureu-

sement commencées, parce que la foudre tomboit sur leurs travaux. Si le tonnerre venoit à gronder pendant la tenue des comices, on les séparoit aussi-tôt. Quelques incendies extraordinaires, tel que celui qui mit le feu au théatre public sous le règne de Macrin, & que l'eau de la pluie, non plus que celle du fleuve ne purent éteindre : des accidens de cette espèce mal vûs, & que l'on regardoit comme des effets immédiats de la colère des dieux, ne pouvoient qu'augmenter les craintes & donner plus de crédit aux préjugés.

C'étoit une espèce de sacrilége d'imiter le bruit du tonnerre, & de contrefaire les effets terribles du pouvoir des dieux, par des machines qui produisoient un fracas semblable à celui de la foudre. Allades, l'un des anciens souverains du Latium, est représenté par Denis d'Halicarnasse, comme un prince entreprenant & impie, qui, par des machines de son invention, essayoit d'effrayer les hommes par le bruit du tonnerre & l'éclat de la foudre, usurpant la puissance des dieux, qui s'en vengèrent hautement par les orages affreux & les foudres réelles qui renversèrent ses palais & inondèrent ses possessions au point que lui & sa famille y périrent. Long-tems après on montroit dans le voisinage d'Albe les restes de la maison de ce prince insensé, sur les bords d'un lac qui se forma, lorsqu'il fut englouti par les eaux (*a*).

Toutes les nations ont dans leurs fastes des traditions semblables, que l'ignorance qui les avoit fait naître ne pouvoit qu'accréditer, & que l'intérêt particulier conservoit dans toute leur vigueur. Malgré les lumières que la connoissance de la nature a répandues sur les phénomènes de l'air, le peuple n'est-il pas généralement effrayé du bruit

---

(*a*) *Antiquit. roman. lib. 1.*

du tonnerre & de la chûte de la foudre ? ſes idées ne ſont-elles pas les mêmes par-tout ? L'inſtruction la plus lumineuſe a tant de peine à les rectifier, que la philoſophie voit toujours avec étonnement les effets funeſtes que cauſe la frayeur du tonnerre ſur la plûpart des eſprits.

Les mêmes préjugés établis parmi des peuples avec leſquels les Grecs ni les Romains n'eurent jamais aucun commerce, prouvent que certaines idées doivent partout leur origine aux mêmes cauſes naturelles. Dans la Ruſſie occidentale les habitans de Novigrad déifièrent la foudre & la repréſentèrent ſous la figure d'un homme tenant en ſa main une pierre enflammée qu'il étoit prêt à lancer : ils lui donnèrent le nom de *Pérun*, qui, dans les langues Runique & Polonoiſe, ſignifie foudre. Ils entretenoient à ſon honneur un feu continuel de bois de chêne ; s'il venoit à s'éteindre par négligence, celui qui étoit spécialement chargé du soin de sa conservation étoit puni de mort (*a*).

On sait de quelle manière ces peuples ignorans & barbares traitoient leurs idoles, quand ils croyoient avoir lieu d'en être mécontens. Les Russes jettèrent un jour *Pérun* dans le Wolga, ils le virent avec étonnement nager contre le courant du fleuve, & furent encore plus surpris quand ils l'entendirent leur adresser ces paroles : » Peuples de Novigrad, ce que » vous voyez vous fera souvenir de » moi ». Long-tems après, ils croyoient à certains tems, sans doute lorsqu'il tonnoit, entendre encore cette voix, & alors ils sortoient en fureur de leurs cabanes, tous armés de bâtons, pour forcer *Pérun* à s'éloigner & à suivre le fil de l'eau.

_________________________

(*a*) *Ger Joan. Vossius de orig. & progres. idololat. l.* 3. *c.* 8.

Quoiqu'il en soit de ces extravagances religieuses, il est croyable que le bruit du tonnerre & les effets de la foudre avoient établi chez ces nations le culte du feu. Ne font-ce pas les mêmes causes qui déterminèrent les premiers habitans du monde à ce culte sacré que l'on a quelque raison de regarder comme le plus ancien de tous; qui se conserve en Perse & dans les Indes depuis un tems immémorial; que l'on a retrouvé en honneur parmi les sauvages de l'Amérique septentrionale, qui, de même que les Romains, regardoient l'extinction du feu sacré comme le présage des plus grands malheurs.

Au centre de l'Amérique sous la zone torride, où l'air presque toujours en feu, a pû faire regarder le soleil comme le tyran plutôt que comme le flambeau de la nature, il eut tout le culte, tous les respects des peuples qui ressentoient tous les jours l'ardeur violente de ses rayons. Ils le regardèrent comme

le premier des dieux, & lui donnèrent le nom de Viracocha, ou
de Pachacamac ; ils lui facrifièrent
des victimes humaines à Cufco &
dans d'autres temples : mais ils ne
confidérèrent le tonnerre, la foudre & les éclairs, que comme les
premiers miniftres & les exécuteurs
de la juftice du foleil. C'eft à ce
titre que dans le magnifique temple de Cufco, ils avoient chacun
un riche appartement, mais jamais
ils n'eurent de culte particulier.

Les tonnerres fréquens dans ce
pays, dont ils voyoient la matière
s'élever du fol qu'ils habitoient &
fe modifier enfuite fous un ciel nébuleux, avec un appareil qui auroit été plus effrayant, s'ils n'y
avoient pas été habitués, ne leur
permirent pas de regarder ces météores autrement que comme des
créatures du grand Viracocha ; mais
en même tems comme les agens les
plus terribles de fa puiffance ven-
gereffe. Ils défignoient la foudre,
le tonnerre & les éclairs fous le

nom d'*Yllapa*, & par ces expref-
fions : *Avez-vous vû Yllapa ? Avez-
vous entendu Yllapa ? Yllapa a-t-il
frappé tel endroit ?* Loin d'avoir
quelque attachement pour ces miniftres malfaifans de la divinité
qu'ils adoroient, ils leur infpiroient
l'horreur la plus marquée. Si la
foudre tomboit fur quelque édifice,
ils l'avoient en fi grande abomina-
tion, qu'ils en muroient auffi-tôt
la porte avec des pierres & de la
boue afin qu'il n'y entrât perfonne.
Si elle étoit tombée dans la campagne, ils en marquoient l'endroit
avec des bornes, pour que les Indiens s'en détournaffent; en un
mot ils appelloient ces lieux in-
fortunés & maudits; & ils ajou-
toient que le foleil leur avoit en-
voyé cette malédiction par le moyen
de la foudre, qui étoit comme fon
efclave & le miniftre de fes vengeances.

Dans la ville de Cufco, un des
appartemens de la maifon royale
de l'Inca étant tombé dans le par-

tage d'un des Espagnols qui firent
la conquête du Pérou, il en trouva
les portes murées par la raison que
nous avons rapportée ; & les Péru-
viens regardèrent cet évènement
comme un pronostic des malheurs
qui leur arrivèrent peu après. Trois
ans après, la foudre y retomba de
nouveau & le brûla ; les Indiens ne
manquèrent pas de dire que cet endroit étant maudit du soleil, il ne
falloit pas le rebâtir, mais le laif-
fer inhabité. Ces peuples infortu-
nés, étonnés du bruit & de l'effet
de la mousqueterie Espagnole, lui
donnèrent le nom d'*Yllapa*, comme
au tonnerre, & prirent les Espagnols pour des divinités terribles
qui avoient à leurs ordres & entre
leurs mains, les instrumens les plus
formidables de la vengeance cé-
leste. On conçoit, par la frayeur
qu'imprime le tonnerre à des peuples beaucoup plus éclairés, qui
font familiarisés avec la poudre à
canon, son bruit & fes effets meur-
triers, combien un tel préjugé dut

abattre des Indiens, dont toute la force confiſtoit dans leur nombre, & qui croyoient avoir à combattre non contre des hommes, mais contre des dieux ( *a* ).

Il eſt donc très-important au bonheur de l'humanité de faire voir combien ſont malfondées les craintes qu'inſpire le bruit du tonnerre. Pour ôter à ce préjugé tout ce qu'il a d'effrayant, il devroit ſuffire d'en expliquer l'origine & les progrès, en faiſant voir que c'eſt plus ſur parole que le vulgaire s'effraie, que ſur la réalité des accidens. Le meilleur de tous les moyens eſt donc de ſuivre la nature elle-même dans ſes procédés, lorſqu'elle travaille à la formation de ces météores ; plus on s'en approchera de près, moins ils paroîtront dangereux. La multitude doit ici être conſidérée comme un enfant qui voit de quelque

---

(*a*) Voyez l'hiſt. des Incas, l. 2, ch. 1, & l. 3. ch. 21.

diſtance un objet inconnu , qu'il prend pour un monſtre : il n'oſe en approcher, il tremble; que quelqu'un vienne ſeconder les erreurs de ſon imagination, le monſtre prétendu ne lui en paroîtra que plus terrible : mais ſi on l'approche de l'objet , ſi malgré ſes craintes il peut l'enviſager , le reconnoître , le toucher, l'aſſurance ſuccède à la terreur, & il eſt le premier à rire de ſa fauſſe frayeur. On ne peut pas eſpérer d'en faire autant par rapport au tonnerre & à la foudre; mais ce ſera beaucoup que de perſuader que , ſi quelque danger les accompagne, ils ſont moins fréquens qu'on ne l'imagine, & qu'il eſt très-poſſible de prendre des précautions qui en garantiſſent. Commençons par donner quelque connoiſſance de ces météores.

## §. II.

### *Sentimens des anciens écrivains de l'hiſtoire naturelle ſur ces météores.*

L'éclair , le tonnerre & la foudre, quoique regardés comme trois
météores différens, ſont néanmoins
produits par des cauſes ſi ſemblables , qu'il eſt bien difficile de les
conſidérer ſéparément les uns des
autres. Nous allons voir que les
philoſophes, qui paroiſſent penſer
différemment entr'eux ſur la manière dont ces météores ſe forment,
ne diffèrent que dans l'expreſſion ;
que pour le fond des choſes , il eſt
très - aiſé de concilier leurs ſentimens ; qu'il ne faut que les rapprocher pour être perſuadé que les
raiſons d'excluſion qu'ils ſe donnent
réciproquement , ſe rapportent plutôt à leurs prétentions ſyſtémati-
ques, qu'aux loix de la nature ; que

les uns , à la vérité , ont mieux connues que les autres.

Lorsque l'étude de la nature commença à prendre une forme constante & à être affujettie à des règles affez généralement adoptées, on chercha l'explication des différens phénomènes dans la comparaifon des uns avec les autres. Comme le bruit du tonnerre paroiffoit avoir quelque analogie avec ces retentiffemens fourds & profonds qui précèdent les tremblemens de terre ou qui les accompagnent, on compara le tonnerre avec les tremblemens de terre : c'eft la méthode que fuivit Ariftote ( *Météréol. l.* 2, *c.* 8. ) Les tremblemens de terre, dit-il, font produits par des exhalaifons féches & chaudes cachées dans fes entrailles, leur inclination naturelle eft d'en fortir ; & étant arrêtées par la folidité de la maffe qui les entoure , elles font des efforts violens contre les parois des cavernes où elles font retenues & comprimées pour s'ouvrir une iffue.

ĝue. Leurs efforts conſtans & redoublés briſent & renverſent enfin tous
les corps qui ſe trouvent expoſés à
leur action. Plus la fermentation de
cet air renfermé eſt véhémente,
plus ſes effets ſont terribles.

La nature des foudres, du tonnerre & des météores ſemblables
eſt la même. Le tonnerre eſt produit lorſque l'exhalaiſon ſèche &
inflammable, renfermée dans un
nuage humide, froid & condenſé,
eſt violemment agitée dans l'intérieur de ce nuage ; elle fait effort
pour le rompre & s'échapper, ſon
bruit eſt proportionné à ſon volume & à la réſiſtance qu'elle trouve
dans les vapeurs réunies qui l'enveloppent. L'éruption lui procure une
eſpèce de chaleur ou de lumière
qui annonce la foudre, qui ſuit
d'ordinaire le bruit qui ſe fait au
moment de l'éruption ; & ſi on apperçoit preſque toujours une lumière éclatante avant que d'entendre le bruit du tonnerre ; c'eſt que
le ſens de la vue eſt plus pénétrant

*Tome VIII.* B

que celui de l'ouïe. C'est ainsi que
s'exprime Aristote.

Les partisans qu'il s'est conservé
dans ces derniers tems, se font un
peu écartés de sa doctrine. Le tonnerre, disent-ils, est un son, ou
plutôt un bruit éclatant (*fragor*)
causé par l'embrasement subit des
exhalaisons renfermées dans le sein
des nuages qui se rompent. Les pé-
ripatéticiens modernes se font ex-
pliqués ainsi, fondés sur ce que cet
embrasement doit causer une grande raréfaction dans les exhalaisons
enflammées, d'où il résulte un
bruit perçant, sur-tout lorsque le
nuage est brisé avec effort. Ils apportent en preuve, les feuilles de
laurier, celles de genièvre, les
marrons & autres fruits de cette
espèce qui jettés au feu ne brûlent
point sans éclater, parce que l'air
& l'humidité qu'ils contiennent,
étant raréfiés par la chaleur, brisent
avec effort l'enveloppe qui les re-
tient : il en est de même de la poudre qui resserrée par les parois du

canon fait éruption avec le plus grand bruit dès qu'elle est allumée.

Certainement, ajoutent-ils, les corps mous ne raisonnent point à moins que leurs parties comprimées ne viennent à se heurter contre des corps durs. Le bruit des flots seroit insensible, si en se repliant avec violence les uns sur les autres, ils ne comprimoient point l'air qui s'échappe ensuite avec bruit. Il y a peu de corps dans la nature plus mous & plus souples que les nuages ; mais quoique leur matière ne soit ni compacte ni dure, cependant elle resserre l'air enflammé ou plutôt les exhalaisons ignées qui s'y sont rassemblées, & dont les forces réunies parviennent à briser les obstacles qui les arrêtoient. C'est ce que l'on voit arriver dans les mines de charbon ; l'exhalaison bitumineuse resserrée par l'air intérieur éclatte avec bruit au moment qu'elle s'enflamme, si par hasard on en approche une torche allumée. Or on ne peut attribuer ce bruit qu'à l'effet des exhalaisons qui se répandent subitement dans l'air, puisque le son n'est qu'un air frappé & modifié d'un mouvement déterminé.

Quoique l'on apperçoive déja quelque étincelle de vérité dans cette explication, on voit qu'elle n'est pas suffisante, & ceux qui restèrent attachés à cette ancienne doctrine crurent devoir y ajouter quelque chose pour la rendre plus vraisemblable & plus lumineuse. Ils dirent que les exhalaisons renfermées dans les nuages devoient être formés de particules détonantes, nitreuses & sulphureuses, & ce fut lorsque les expériences chymiques leur eurent appris quel fracas ces matières peuvent causer, lorsqu'elles viennent à se heurter. L'or fulminant, un des phénomènes les plus étonnans & les plus merveilleux que produise la chymie, ne doit sa propriété qu'au nitre ammoniacal qui se forme pendant sa précipitation, & qui

s'unit sans doute très-fortement &
très-intimement avec le métal. On
sait encore que ce sel, à cause de
la grande quantité de matière inflammable que contient son alcali
volatil, est susceptible de détonner
seul lorsqu'il est chauffé jusqu'à un
certain point, & sans qu'il soit besoin de le mêler avec aucune autre
substance combustible. Il est vrai
que la détonation du nitre ammoniacal seul n'est rien en comparaison de celle de l'or fulminant; ce
qui donne lieu de penser que dans
cette opération les parties de ce
nitre sont tellement combinées
avec celles de l'or, qu'elles sont
très-fortement comprimées entre
ses molécules, ce qui redouble la
force d'explosion du nitre; ainsi
qu'il arrive à tout autre corps inflammable, resserré & comprimé
dans les particules d'une matière
qui fasse autant de résistance, que
l'or en oppose au nitre ammoniacal.

Il est bon encore de remarquer
que l'or dans la fulmination, n'é-

B iij

prouve aucune altération subftan-
tielle, malgré la violence & la
promptitude de l'embrafement de
la matière inflammable avec laquelle il fe trouve uni : fi on fait
l'expérience dans un endroit borné,
on retrouve aifément l'or appliqué
contre les parois de la machine fous
laquelle la détonation s'eft faite.
De-là ne peut-on pas conclure
qu'indépendamment de la force
de l'évaporation, la matière des
orages peut fe conferver long-tems
dans les nuages, & fervir à la ré-
production des mêmes phénomènes ? N'eft-il pas très-vraifemblable qu'il fe fait dans la région de
l'air chargée des exhalaifons de la
terre, des mélanges femblables à
ceux que la chymie ne fait qu'imiter, & que c'eft ce qui excite ces
mouvemens impétueux, ces fortes
détonations qui fe font entendre
& fentir dans l'atmofphère.

A la fuite des fortes évaporations
quantité de corpufcules terreftres
ou métalliques, qui par leur pefan-

teur spécifique sont moins volatils
que les exhalaisons & les vapeurs,
telles qu'on les conçoit ordinairement, sont dispersés par un mouvement qui n'est pas assez fort pour
les porter bien loin de la surface
de la terre d'où ils sortent. De-là
naissent quelques tourbillons locaux qui renversent & brisent tout
ce qui se trouve dans leur direction.
Ils sont excités principalement par
le mouvement qu'ils communiquent à l'air inférieur, & qui est
d'autant plus impétueux que ces
exhalaisons sont en plus grande
quantité, plus pesantes, & plus
vivement agitées. Nous avons déja
parlé de ces sortes de météores &
de leurs phénomènes les plus remarquables. ( *Tom.* 6. *disc.* 10. )

Mais les exhalaisons sulfureuses,
salines ou nitreuses plus légères,
sont portées avec les vapeurs aqueuses beaucoup plus haut, & entrent
dans la composition de la plupart
des nuées : la fraîcheur des vapeurs
humides les détermine à se réunir

à leurs particules homogènes : il se
forme dans les nuées, des masses,
des bandes, des jets de matières
inflammables, mêlées avec d'autres
substances métalliques fort atténuées ; elles deviennent fulminantes, & lorsqu'elles sont à un certain
degré de fermentation, elles produisent des détonations dont la
force répond à leur quantité, & au
degré de compression où elles se
trouvent. Il en est de ces exhalaisons inflammables mêlées dans les
vapeurs qui forment le corps des
nuages, comme du vin qui gèle
par les grands froids : s'il se glace
aux extrémités, tout le phlogistique se retire dans le centre du vaisseau, où il se conserve dans sa force
& sa pureté, après s'être séparé du
flegme dans lequel il étoit confondu.
On peut concevoir que la matière
fulminante, celle de la foudre &
des éclairs, se sépare de même des
vapeurs aqueuses, & que comprimée par la jonction de plusieurs
nuages, ou par le seul poids des

vapeurs humides & froides qui l'environnent, animée par le fluide subtil répandu dans toute la maſſe de la matière, ſous quelque modification qu'on la conſidère, elle fermente, s'embraſe & produit le tonnerre, la foudre ou l'éclair, relativement à la facilité qu'elle trouve à s'échapper, à l'état actuel de l'embraſement, & au plus ou moins de réſiſtance que lui oppoſe le nuage dans lequel elle agit.

En continuant à préſenter les ſentimens des anciens naturaliſtes ſur les météores dont l'hiſtoire nous occupe, nous verrons que la plupart de leurs ſpéculations étoient conformes aux procédés de la nature, & que beaucoup de ſyſtêmes nouveaux, que l'on annonce comme autant de découvertes, ne ſont que les mêmes idées que l'on a rapprochées & expliquées les unes par les autres.

Ce que Sénèque a écrit de la foudre, du tonnerre & de l'éclair, peut être regardé comme le réſultat

de tout ce qu'on savoit alors de plus
précis sur ce sujet. Il en parle plus
en historien qu'en philosophe : il
rapporte ce que l'on en pensoit généralement, & lorsqu'il hasarde
son sentiment, c'est moins pour
détruire celui des autres, que pour
jetter un nouvel éclaircissement
dans une matière très-difficile à
concevoir, & sur laquelle les avis
étoient partagés *(a)*.

Après avoir parlé de la nature
de l'air, de son état dans la région
inférieure de l'atmosphère, des
variations qu'il éprouve, mais qui
n'agissent pas de même sur toute
la masse qui environne le globe,
parce qu'elles répondent aux climats, à la nature des différens terreins, aux effets des feux artificiels
& de ceux dont les foyers sont cachés dans les entrailles de la terre,

______

*(a)* Ce sujet est traité dans le livre 2 des
questions naturelles, depuis le chap. 10.
jusqu'au 58.

dont les uns se sont développés & ont formé des volcans, les autres brûlent intérieurement mais n'échauffent pas moins la masse totale de la terre, & contribuent à la chaleur de sa transpiration; après avoir indiqué ces causes générales des différentes modifications de l'air, & dont il regardoit la connoissance comme nécessaire, il parle des éclairs, du tonnerre & de la foudre.

L'éclair, dit-il, (*quest. nat. c.* 12. *l.* 2. ) indique le feu, la foudre l'apporte ou le lance; le premier est menace sans effet, l'autre est l'effet & la menace réunis, le trait & le coup. On convient généralement que la matière de ces météores ne peut être ainsi modifiée que dans les nuages & par les nuages : on convient encore que les éclairs & les foudres sont du feu ou de l'espèce du feu. Quant au bruit du tonnerre, il doit être excité par le choc des nuages; l'air qui se trouve renfermé entr'eux ne peut ni se mettre en mouvement ni s'échap-

B vj

per fans rendre des fons, qui répondent à la différente épaisseur & à
la réfistance que ces nuages oppofent à fon cours, ou à fon éruption;
de là les tons différens du tonnerre.

La force de cet air comprimé
vient du feu dont la matière fe
trouve concentrée dans le nuage,
il prend le nom d'éclair lorfqu'il
s'allume par une preffion légère, &
que fa matière n'eft pas trop comprimée par la réfistance des vapeurs
humides qui l'environnent. La vivacité de l'éclair, fa lueur, & l'efpèce de chaleur qu'il répand dans
l'air font relatives aux matières
embrafées qui le forment, & à la
difpofition actuelle de l'atmofphère;
on le voit plutôt qu'on n'entend le
bruit du tonnerre qui fe fait en
même-tems, parce que le fens de
la vue eft plus prompt à recevoir
les fenfations que celui de l'ouïe.
Les anciens n'avoient fait aucune
expérience qui leur eût appris que
la lumière fe répandoit bien plus
vîte que le fon.

Le feu de sa nature tend toujours à s'élever, & sur-tout un feu de l'espèce de celui de la foudre, qui est entretenu par une matière beaucoup plus active & plus légère que ne l'est celle de notre feu ordinaire. Il ne tombe point, mais allumé dans la moyenne région de l'air, & suivant la direction que lui donne la ligne du phlogistique qu'il parcourt, il se porte tantôt obliquement, tantôt perpendiculairement, plus souvent dans la première direction, à cause de la résistance qu'il trouve dans l'air, d'autant plus chargé de vapeurs qu'il est plus près de la terre, & du centre de l'évaporation.

Après avoir parlé de l'état des différentes couches de l'air, & de la région que les anciens supposoient occupée par le véritable feu élémentaire; Sénèque ( *cap.* 16. *ub. sup.* ) en vient à la différence qui est entre l'éclair & la foudre : elle consiste en ce que l'éclair est un feu dont l'expansion est considérable,

eu égard à sa masse & à son activité : la foudre au contraire est un
feu rassemblé & lancé avec violence.
Joignons les deux mains, recevons
de l'eau dessus, réunissons-les ensuite, nous faisons partir cette eau
en forme de siphon : de même les
nuages en se pressant rassemblent
l'air & le feu qu'ils forcent à s'é-
chapper & à s'allumer dans le mouvement impétueux qu'ils lui communiquent en le poussant au-dehors. De-là naît le bruit que fait
cette colonne de feu en brisant l'air
subitement & avec effort : ce qui
n'arriveroit pas si le feu suivoit la
direction à laquelle sa nature le
détermine : il gagneroit l'air supérieur, cette région où se porte la
matière la plus légère & la plus
active. S'il en est détourné il cède
à une cause étrangère qui le contraint, il ne fait plus son mouvement naturel & libre, mais ses
effets n'en sont que plus remarquables. (*cap. 24. ub. sup.*)

## §. III.

### Différentes espèces de tonnerres & de foudres, suivant les anciens.

Les sons variés qui se font entendre dans l'air lorsqu'il tonne, ont déterminé à admettre différentes espèces de tonnerres. 1°. Lorsque le bruit est grave, & qu'on peut le comparer à celui qui précède les tremblemens de terre, ou à celui du vent lorsqu'il est comprimé & que l'air mugit en frémissant. On en explique ainsi le méchanisme : lorsque les nuages ont renfermé entr'eux l'esprit ignée, ou la matière du feu très-atténuée, l'air agité dans leurs concavités, produit un son rauque, égal & continu, semblable à un mugissement. Si la région inférieure de l'atmosphère est humide, elle ferme toute issue à l'éruption des exhalaisons enflammées, & le bruit du ton-

nerre n'annonce que de la pluie
prête à tomber. 2°. Le tonnerre produit un autre bruit plus perçant,
que l'on devroit appeller plutôt un
craquement qu'un son : il fè fait
entendre, lorfque la nuée fè diffout, fe brife & donne iffue à l'air
& à la matière enflammée qui la
diftendoient. C'eft proprement un
fracas fubit & véhément , qui
émeut, qui étonne , qui porte la
mort, ou au moins une commotion
fi terrible que dans quelques fujets
foibles, l'organifation refte dans un
état d'inaction où l'ont jettée un effroi inopiné, ou une compreffion
violente de l'air extérieur; ce qui
peut caufer une efpèce de ftupidité
qui dure le refte de la vie.

Pour produire ce bruit il n'eft
pas queftion feulement que les nuages foient agités , il faut qu'ils
foient dans un mouvement d'orage
& de tourbillon. Une montagne
ne brife point un nuage que le courant d'air dirige fur elle ; elle le
divife & facilite fa diffolution en

féparant les premières parties qu'elle arrête. Une veffie quoique fortement tendue & plein d'air , n'é-
clate pas indifféremment à toutes
les manières dont on peut en faciliter l'iffue ; il faut la brifer avec
force pour qu'elle faffe bruit. Il en
eft de même des nuages s'ils ne
font rompus avec effort, ils ne ré-
fonnent point. Ainfi un nuage chaffé
contre une montagne ne fe brife
point , mais il fe répand fur les
différens corps qui fe trouvent à la
furface , fur les arbres, les buiffons,
les inégalités & les pointes des rochers : s'il renferme quelque efprit
actif , il s'échappe par différentes
iffues & ne fait éclat qu'autant que,
raffemblé dans un efpace déterminé du nuage dont les obftacles qui
fe trouvent fur la montagne diminuent la réfiftance , il le brife en
cet endroit & fait éruption. C'eft
pour cela qu'on remarque fi fouvent
l'empreinte de la foudre fur les
fommets des rochers les plus hauts.

Examinez encore l'air agité , il siffle autour d'un arbre qui le gêne dans son cours, mais il ne détonne pas : s'il en vient à ce bruit, c'est lorsqu'il est renfermé dans une cavité qui lui fait obstacle de tous les côtés, il faut qu'il revienne sur lui-même, qu'il rompe son cours en différentes directions, c'est alors qu'il imite le bruit du tonnerre. Il faut donc un coup porté & qui tende à la séparation entière des parties du nuage pour que le son se prolonge de la manière qu'on l'entend lorsqu'il tonne. (*ub. sup. c.* 28.)

Les effets de la foudre sont si surprenans & en même tems si sensibles, qu'il n'y a , suivant Sénèque (*quæst. nat. l.* 2. *c.* 31.), qu'une grande connoissance de la nature des causes secondes, qui empêche d'y reconnoître toujours l'action immédiate d'une puissance supérieure & même divine: Elle fond les espèces dans une bourse sans altérer son tissu, une épée dans le

fourreau fans le brûler (*a*) : on a
vu le fer des javelots fondu , couler goutte à goutte fans que le bois
en fût endommagé ; la foudre réduit le bois d'un tonneau en cendres qui reſtent en place , & ſe ſou-
tiennent pendant pluſieurs jours
avant que le vin ne ſe répande.
( *ub ſup. cap.* 31. )

Ces prodiges avoient fait diſtin-
guer trois eſpèces de foudres qui
renverſoient les corps , les péné-
troient ou les brûloient : 1°. la plus
ſubtile pénètre dans les eſpaces les

---

(*a*) Muret , dans ſés notes ſur le deuxiè-
me liv. des queſt. nat. de Sénèque , aſſure
qu'il fut témoin d'un prodige de cette eſpèce étant chez le cardinal Hippolite d'Eſt.
*Mihi hoc contigit ut paucis menſibus ante-
quam Hippolitus cardinalis Ferrarienſis
qui ita de me meritus eſt , ut perpetuo ani-
mœ ipſius bene precari debeum , ex hac vita
diſcederet , fulmen in palatium ipſius deci-
dens ad mea uſque cubicula pervenerit. Ibi
gladii , qui ad lectum unius ex famulis meis
pendebat , mucronem ipſum ita collique
fecit , ut in globulum converterit , illæſa
prorſus vagina.*

plus étroits ; les pores mêmes des corps les plus compactes la peuvent recevoir tant sa matière est tenue & sa flamme pure : c'est le feu le plus vif & sans mêlange. Sans doute Sénèque l'auroit comparé à la flamme électrique, si de son tems on eût renouvellé les connoissances de la foudre électrique qu'il paroît que les premiers Romains avoient eues, & dont nous parlerons dans peu. 2°. La foudre qui renverse les corps & les brise, est plus composée, plus dense, elle est mêlée d'une quantité plus abondante de cet esprit ou de cet air condensé & orageux que l'on regarde comme une des causes matérielles de la foudre. La première fait peu de ravage, elle sort par la même ouverture qu'elle s'est d'abord pratiquée : la seconde brise les corps qu'elle attaque sans les pénétrer. 3°. La troisième est celle qui brûle, elle est mêlée d'une plus grande quantité de matière terrestre & sulphureuse, elle tient plus de la nature du feu

commun que de celle de la flamme
électrique ; ainſi elle laiſſe pluſieurs
marques de l'action du feu ſur les
corps qu'elle a frappés. Aucune foudre ne vient donc ſans le ſecours
du feu qui , conjointement avec
l'air , eſt le principe de ſon activité & de ſon mouvement ; & nous
ne devons regarder comme vraie
foudre ignée que celle qui laiſſe
des marques viſibles de ſon ardeur.
( *ub. ſup. cap.* 40. )

  Cette foudre qui brûle ou noir-
cit les corps ſoit dans leur totalité ,
ſoit par des intervalles ſéparés ,
agit de trois manières , ou elle ne
fait qu'effleurer en quelque ſorte ,
& bleſſer légèrement , ou elle con-
ſume , ou elle enflamme. Ces trois
manières viennent également de
l'action du feu , mais elles ſont
différentes : ce qui eſt conſumé eſt
certainement brûlé , mais ce qui
eſt brûlé n'eſt pas toujours conſumé , ainſi qu'il arrive à quelques
corps que le contact paſſager de la
foudre enflamme ſans les détruire.
La ſeule preſſion vive & momen-

tanée du feu de la foudre peut brûler un corps en le pénétrant sans
l'enflammer, c'est l'action du feu la
plus vive & la plus prompte que l'on
puisse imaginer. Les observations
nous prouveront dans la suite la vérité de toutes ces premières notions.

Nous devons ajouter encore quelque chose sur la force de la foudre
qui n'agit pas également sur toute
sorte de matière ( *ub. sup. cap.* 52. )
Elle renverse avec plus de véhémence les corps solides, parce qu'ils
lui résistent davantage, tandis
qu'elle passe sans faire aucun tort
à ceux qui lui cèdent; elle attaque
& brise le fer, les métaux, la
pierre & les corps les plus durs. Ce
n'est qu'avec le plus violent effort
qu'elle peut les pénétrer & s'ouvrir un chemin à travers leurs pores pour s'échapper, tandis qu'elle
glisse sur les corps mous & légers,
quoique de nature à être enflammés aisément ; elle y trouve des
passages ouverts qui ne laissent aucun lieu à son action. On a vu de
l'argent fondu dans une bourse qui

n'étoit point endommagée : une flamme très-subtile avoit paffé fans obftacle par les efpaces que lui laiffoit libre le tiffu de la bourfe , & toute fa violence s'étoit portée fur les pièces de monnoie qu'elle n'avoit pu pénétrer qu'en les diffolvant. La foudre n'agit pas d'une feule manière, mais toujours on remarque qu'elle feule a pu faire des chofes auffi fingulières. Sur la même matière elle a en même tems des effets très-variés : dans un arbre elle laiffe ce qui eft de plus aride , tandis qu'elle pénètre & met en morceaux les parties les plus folides & les plus dures ; elle enlève l'écorce & fépare les unes des autres les couches intérieures du chêne le plus épais , tandis qu'elle ne fait qu'en flétrir ou percer les feuilles ; elle coagule le vin , & ce qu'il y a de fingulier , c'eft que , lorfque le vin a repris fa liquidité, ou il eft mortel , ou il rend fols ceux qui le boivent. Comment & pourquoi cela fe fait-il ? il faut que certaines foudres aient une qualité peftilentielle , dont il eft vraifemblable qu'il refte des efprits nuifibles dans la liqueur qu'elle avoit fixée & rendue folide. Un fluide n'auroit pas acquis cette folidité , fi la foudre n'y eût ajouté un principe nouveau qui en refferrât les parties.

L'huile & toutes les effences qui fe trouvent dans un lieu frappé de la foudre , contractent une odeur fétide ; ce qui femble prouver que ce feu extraordinaire non - feulement renverfe & détruit les corps qu'il atteint, mais qu'il infecte ceux qui fe trouvent enveloppés dans la même atmofphère. Outre cela , par-tout où la foudre eft tombée, l'odeur du foufre y domine ; & fi elle eft forte à un certain degré, elle fuffoque & intercepte la refpiration : elle ôte donc aux fluides leur élafticité naturelle.

Telles font les obfervations que Sénèque cite d'après les anciens naturaliftes fur la nature de la foudre

dre & ses différens effets ; il entre ensuite dans quelques détails sur les causes de la plûpart de ces phénomènes extraordinaires, telles qu'on les avoit imaginées avant lui, & dont il paroît qu'on ne révoquoit guère en doute la réalité. On voit qu'elles étoient toutes fondées plutôt sur l'ignorance & la superstition, que sur la connoissance des loix de la nature. Nous verrons dans la suite de cette histoire, comment les procédés de la chymie, en imitant en raccourci quelques-uns des effets de la foudre, nous ont éclairé sur ses différentes manières d'agir, & nous ont mis à portée de juger des exhalaisons différentes qui pouvoient entrer dans la composition de la matière fulminante, & occasionner des effets aussi variés qu'ils sont surprenans.

Il est aisé de voir que Sénèque, dans le récit historique qu'il a fait de la génération de ces météores, & dont nous avons donné le pré-

*Tome VIII.* C

cis, n'a rapporté que ce qu'il y avoit de plus vraisemblable dans tout ce que les anciens avoient écrit à ce sujet. Il propose ensuite son sentiment; mais comme il l'a débarrassé de mille circonstances puériles & superstitieuses, qui ne pouvoient servir qu'à augmenter la terreur générale que répandoient dans tous les esprits le bruit du tonnerre & les effets de la foudre, & qu'il ne vouloit pas heurter de front des préjugés trop accrédités, il semble le hasarder plutôt comme quelques conjectures plausibles, que comme ce qu'il imaginoit de plus vrai & de plus raisonnable. Voici comment il s'exprime :

Des exhalaisons qui s'élèvent de la terre dans l'air, les unes sont humides, les autres sont sèches & inflammables : les premières sont la matière des pluies & des autres météores aqueux ; les secondes sont celles des éclairs, du tonnerre & de la foudre. Les matières sèches & inflammables ne souffrent pas

long-tems la contrainte où les nuages humides les retiennent, elles
rompent ces obstacles, & de-là résulte le bruit que nous appellons le
tonnerre. Ainsi quantité de vapeurs
& d'exhalaisons qui s'atténuent, se
dessèchent & s'échauffent dans l'atmosphère dès qu'elles sont gênées
par un air humide, par quantité de
molécules aqueuses rapprochées,
elles cherchent à s'échapper ; ce
qui ne peut arriver sans bruit. Si
l'éruption se fait par-tout en même
tems, la détonation est forte, mais
ne dure pas ; si elle se fait successivement & par parties, le tonnerre
est moins violent, mais il est réi-
téré à chaque fois que l'air & les
exhalaisons renfermées agissent sur
le nuage pour faire éruption au-
dehors : car le principe le plus actif d'inflammation est l'air resserré
& agité dans les nuages. (*quæst.
nat. l. 2. c.* 54.)

Ces explications, plus simples
que celles des écrivains qui avoient
précédé Sénèque, sont en même

rems plus lumineufes ; s'il eût mieux
connu la nature du feu élémentaire , ce qu'on appelle à préfent
le fluide électrique, le détail de fes
obfervations eût été beaucoup plus
inftructif ; il auroit été plus affuré
de leur vérité, & peut-être il auroit développé fon fentiment avec
plus de confiance ; car ce n'eft qu'a-
vec une timide retenue qu'il continue de s'expliquer.

Après le préambule dont nous
venons de donner l'extrait , il dit
qu'il n'a recherché que la caufe naturelle & ordinaire de la formation
des météores ignées, & que laiffant
à part tout ce qui peut s'y trouver
de rare & d'extraordinaire , il va
développer fon fentiment à ce fujet. (*ub. fup. cap.* 57.) « Il éclaire
» lorfqu'une lumière foudaine pa-
» roît en l'air & fe répand promp-
» tement au loin. Ce météore fe
» forme lorfque l'air atténué par
» le mouvement des nuages s'é-
» chauffe, s'enflamme & n'eft pas
» affez condenfé pour produire au

» cun bruit de détonation. On ne
» doit pas être surpris que le mou-
» vement raréfie l'air & les exha-
» laisons dont il est chargé, & que
» sa grande atténuation le rende
» susceptible d'être embrasé : une
» balle poussée par une fronde s'a-
» mollit, & le choc de l'air la fait
» fondre comme si elle étoit expo-
» sée à l'action du feu. Il y a plus
» de foudres en été, parce qu'il y
» a plus de phlogistique répandu
» dans l'air, & que le frottement
» des corps secs, tels que les ex-
» halaisons nitreuses, salines ou
» sulphureuses les détermine plus
» aisément à s'enflammer : c'est
» ainsi que se forment l'éclair qui
» brille sans bruit & la foudre qui
» éclate. L'éclair est plus léger,
» parce qu'il a moins d'aliment,
» ou qu'il est moins condensé, &
» que sa matière se répand au loin :
» la foudre au contraire ne paroît
» qu'un éclair dont la matière est
» fort rapprochée : donc lorsqu'une
» certaine quantité de vapeurs &

C iij

» d'exhalaisons sèches & inflam-
» mables se sont rassemblées dans
» les nuages, elles en sortent de
» nouveau après y avoir été long-
» tems agitées de divers mouve-
» mens & reviennent à la terre. Si
» la force d'impulsion leur manque,
» si l'incendie est léger, c'est l'é-
» clair ; si la matière condensée
» sort avec éruption, c'est la fou-
» dre qui non - seulement brille,
» mais éclate, frappe & renverse.

» Quelques-uns imaginent que
» la foudre descend & remonte :
» on entend la détonation à côté
» de soi, le bruit paroît s'être fait
» sur la terre, & on voit une co-
» lonne de feu dont la direction est
» de bas en haut ; alors c'est ce
» qu'on peut appeller tonnerre ou
» foudre de terre. La vapeur sul-
» phureuse & inflammable avoit
» son point de réunion sur la terre :
» l'incendie s'est allumé, l'explo-
» sion s'est faite à l'endroit même
» où on a entendu la détonation ;
» & la colonne de feu, qui s'élève

» avec un bruit fenfible, n'eft que
» la prolongation du courant de
» cette même matière inflammable
» qui s'eft allumée à la furface de
» la terre & qui continue de brû-
» ler : d'autres difent que quelque-
» fois la foudre formée de matières
» trop fortement condenfées tombe
» fans s'enflammer & par le feul
» poids de ces matières : c'eft ce que
» les anciens appelloient *fulmen*
» *brurum*, qui ne caufoit que rare-
» ment du dommage. Ces efpèces
» de foudres avoient une folidité
» permanente ; on les appelloit
» pierres de tonnerre : de tems en
» tems on fe plaît à en renouvel-
» ler l'exiftence. » Nous expliquerons dans la fuite de ce difcours ce
que l'on doit en penfer, & quelle
eft la véritable origine de ces prétendues pierres de tonnerre que l'on
montroit autrefois dans les cabinets
des curieux.

   » Quelquefois la foudre paroît
» tout d'un coup, le feu brille &
» s'éteint au même inftant ; ce que

C iv

» l'on ne peut attribuer qu'à l'im-
» pétuosité du mouvement qui
» rompt le nuage & porte l'incen-
» die dans l'air : mais comme ce
» mouvement n'est pas soutenu, la
» flamme s'éteint aussi-tôt. Car l'air
» & les exhalaisons raréfiées, ren-
» fermés dans les nuages , n'ont
» pas une force constante pour s'en
» échapper : ce n'est que lorsque
» réunis & déterminés à un point
» fixe, ils s'échauffent par des chocs
» réitérés , se raréfient davantage ;
» s'allument & forcent la substance
» du nuage à céder à leurs efforts ;
» & à leur laisser une issue libre.
» Cette espèce de combat entre le
» chaud & l'humide cessant par
» l'éruption des matières , si la
» force d'impulsion est suffisante,
» la colonne de feu se porte jus-
» qu'à terre, sinon elle s'éteint &
» se dissipe avant que d'arriver à
» la région inférieure de l'atmos-
» phère.

   » La cause de l'obliquité du mou-
» vement de la foudre est dans sa

» nature même & dans fa matière :
» c'eſt un fluide léger & ignée, dont
» la direction naturelle eſt de bas
» en haut ; mais une violence étran-
» gère le force à un mouvement
» contraire ; il lui cède en tendant
» toujours à ſe rétablir dans ſa po-
» ſition naturelle. C'eſt ainſi que
» les corps légers ne tombent qu'a-
» près beaucoup de mouvemens
» obliques & ſinueux. Quelquefois
» encore la foudre, entraînée par
» le poids des exhalaiſons conden-
» ſées, va juſqu'à terre, tandis que
» le feu s'élève conſtamment ; ce
» phénomène eſt produit par le
» courant des exhalaiſons répan-
» dues de la terre au nuage où l'in-
» cendie a commencé. » ( *vid. Sen.*
*nat. quæſt. l. 2. c. 58.* )
   » Le ſommet des montagnes &
» tous les corps élevés paroiſſent
» plus ſouvent frappés de la foudre
» que les autres , parce qu'étant
» plus expoſés à la vûe, on remar-
» que plus aiſément ce qui leur ar-
» rive ; & , parce qu'étant plus voi-

C v

» fins de la moyenne région de
» l'air, ils font par leur pofition
» plus expofés à l'action de la fou-
» dre qui fe forme dans les nua-
» ges; pour defcendre jufqu'à terre,
» elle eft en quelque forte obligée
» de paffer par ce milieu. »

Voilà le précis de la doctrine des naturaliftes qui avoient précédé le fiècle de Sénèque, fur le tonnerre, la foudre & les éclairs : elle étoit encore fuivie de fon tems ; & ce qu'il a fait de mieux dans l'expofition qu'il en a donnée, c'eft d'en retrancher une multitude d'explications minutieufes, dont il fait feulement une légère mention, & auxquelles il n'auroit été d'aucune utilité de donner une nouvelle exiftence dans cette hiftoire. On y retrouveroit l'origine d'une multitude de contes abfurdes que l'on fait encore fur le tonnerre & fes effets ; on y verroit que les préjugés du peuple ont été les mêmes dans tous les tems, & qu'ils ont eu d'autant plus de crédit que les

objets étoient présentés d'une manière plus intéressante ; tout dans
le bruit du tonnerre, dans la lumière de l'éclair, dans l'action de
la foudre, lui sembloit merveilleux. Il avoit saisi avec autant de
respect que d'empressement ce qu'on
lui avoit raconté sur les causes sur-
naturelles de ces phénomènes, la
crainte l'avoit subjugué : comment,
après cela, auroit-il osé faire des
recherches, s'instruire, examiner
d'où venoit la terreur involontaire
dont il étoit saisi ? il auroit cru ir-
riter la puissance formidable qui
tonnoit sur sa tête, en cherchant
à pénétrer dans son sanctuaire.

Voyons ce que Pline le naturaliste, qui survécut de quelques années à Sénèque, & qui put profiter
de ses écrits, a ajouté de plus au
sujet que nous traitons.

## §. IV.

### *Causes que Pline assigne au tonnerre, à la foudre & aux éclairs. Echo du tonnerre.*

Pline, parlant des météores ignées, commence par rendre une espèce d'hommage à l'ignorance & à la crédulité de son tems, en disant comme le vulgaire, qu'il peut tomber de la région des étoiles dans les nuages, des feux qui produisent le bruit qu'on y entend. « Ce qui
» est, dit-il, d'autant plus naturel
» à penser, qu'un trait lancé, quoi-
» que d'un moindre volume, avec
» moins d'espace à parcourir, &
» chassé par une force très-infé-
» rieure, ne laisse pas d'exciter un
» bruit sensible, un sifflement dans
» l'air, semblable à celui que ren-
» dent ces feux qui tombent d'en-
» haut. Lorsqu'ils sont arrivés dans
» le sein du nuage, ils y produi-
» sent une évaporation détonante,

» à-peu-près comme le fer rouge
» plongé dans l'eau y excite un fré-
» miffement, une efpèce de dé-
» tonation & un bouillonnement
» à la fuite duquel s'élève un tour-
» billon de fumée : c'eft d'une opé-
» ration femblable qu'il tire l'ori-
» gine des tempêtes & des oura-
» gans. Si l'air échauffé, ou fi la
» vapeur ignée eft en mouvement
» dans le nuage, elle produit le
» tonnerre & le bruit qui l'annon-
» ce; fi elle en fort ardente & avec
» effort, c'eft la foudre; fi elle s'é-
» tend plus loin & que la matière
» ignée ne foit pas refferrée, c'eft
» l'éclair; auffi femble-t-il que l'é-
» clair ne fait que divifer le nuage
» & s'échapper par les intervalles;
» au lieu que la foudre le brife dans
» fon éruption. » (*hift. natural. l. 2.*
*c.* 43.)

On voit dans la fuite du chapi-
tre où ce fujet eft traité, combien
l'efprit de cet habile naturalifte
faifoit d'efforts pour s'élever jufqu'à la connoiffance des phénomè-

nes effrayans du tonnerre ; il ne
fait que préfenter fes idées avec la
plus grande précifion, comme s'il
eût craint d'en donner une explication trop détaillée ; & cependant
on y voit les premiers germes d'un
fyftême général d'attraction & de
répulfion : il admettoit une matière
quelconque qui s'élevoit de la terre
au nuage, mais que la gravitation
des aftres fupérieurs repouffoit *poſſe
& repulſu ſiderum, depreſſum qui a
terra meaverit ſpiritum, nube cohibi-
tum tonare, natura ſtrangulante ſpiritum dum rixetur, edito fragore dum
erumpat, ut in membrana ſpiritu in-
tenta*..... Voilà la matière ignée
qui s'élève de la terre aux nuages,
qui y eft arrêtée ne pouvant pas
fe porter plus haut. Alors le conflit qui naît entre le froid & le
chaud, le fec & l'humide, eft fuivi
de ce bruit fourd que l'on entend
dans les nuages, qui agit fur l'air
comprimé, & qui retentit d'autant
plus fort que le nuage gravite davantage & eft plus voifin de la ter-

re : de-là naît cette commotion qui
fe communique de l'air à tous les
corps fur lefquels il agit alors immédiatement, & qui eft plus ou
moins fenfible à proportion de la
réfiftance que les corps lui préfentent. Si le phlogiftique eft affez fort
pour percer le nuage & en fortir
avec effort, le bruit devient plus
éclatant & plus clair, ainfi qu'il
arrive dans une peau bien tendue
que l'on perce avec force & fubitement.

Ce même efprit ignée dont les
particules agiffent les unes fur les
autres, fe précipitant au - dehors
peut s'allumer . . . . *poffe & attritu
dum in præceps feratur, illum, quif-
quis eft, fpiritum accendi.* . . . Voilà
le phlogiftique enveloppé par la
vapeur humide, qui s'échappe &
ne s'enflamme qu'après que fon
mouvement précipité & le frottement de l'air ambiant a refferré
davantage fes parties homogênes,
& augmenté fon activité en le con-
denfant, au point qu'il brife fon

enveloppe, éclate & s'enflamme;
ce qui n'arrive d'ordinaire que lorfqu'il rencontre dans fa chûte un
corps qui lui fait un obftacle nouveau, & qui, par fa réfiftance augmente fa force naturelle, alors il
brife tout ce qu'il frappe. Ces efpèces de foudres font les plus dangereufes; celles qui s'enflamment
au fortir du nuage, ne pouvant
tout au plus que mettre le feu aux
matières combuftibles qu'elles rencontrent dans leur courfe. De-là
encore cette activité merveilleufe
de ces feux enveloppés, qui dans
l'inftant mettent le fer même en
fufion, percent les glaces fans les
brifer, s'infinuent à travers les
pierres les plus épaiffes, & ne trouvent rien qui puiffe arrêter leur action dans les corps en apparence
les plus folides, tandis que les matières molles, réfineufes & fou-
ples femblent hors de leur atteinte,
parce qu'elles cèdent à leurs premiers efforts, & ne leur préfentent
aucune réfiftance.

Pline dit encore que, du choc de deux nuages, le feu peut sortir comme les étincelles ardentes sortent de deux cailloux frappés l'un contre l'autre.... *poſſe & conflictu nubium elidi, ut duorum lapidum ſcintillantibus fulgetris....* Voilà le ſyſtême des Cartéſiens modernes dans ſon enfance. Mais eſt-il probable que deux corps fort étendus, eſſentiellement humides & fort ſouples, même dans leurs chocs les plus violens, puiſſent arriver à l'effet de deux cailloux frappés l'un contre l'autre ? S'il étoit poſſible d'imaginer les nuages aſſez ſolides, pour les conſidérer comme deux corps de glace pouſſés en directions contraires, qui viennent ſe heurter l'un contre l'autre, alors ce ſyſtême auroit quelque vraiſemblance. Mais quelque part que l'on ait obſervé les nuages, ſur les plus hautes montagnes comme à une élévation moindre & dans toutes les parties du monde, on les a toujours vus comme de grands corps

forts légers, pénétrables & essentiellement humides, tantôt plus,
tantôt moins condensés, & dont
la matière étoit toujours à-peu-
près également modifiée.

Ce que ce choc supposé peut donc
produire de fermentation, vient
moins de l'action & du frottement
de deux nuages l'un contre l'autre,
que de ce que les exhalaisons enflammées & la matière fulminante,
faisant effort pour sortir du nuage
où elles sont enveloppées, trouvant dans le nuage qui se joint au
premier, un nouvel obstacle encore
plus difficile à surmonter, se replient sur elles-mêmes, augmentent de volume & de force, &
éclatent avec d'autant plus de bruit
qu'elles ont plus de résistance à
vaincre : de-là naissent, quand la
masse du phlogistique est plus considérable, quand le nuage est épais
& bas & qu'il en sort avec violence, ces tonnerres redoublés &
éclatans, ces foudres si dangereuses, qui semblent se multiplier

pour porter dans les malheureuses contrées qu'elles défolent l'effroi, le feu & la mort. C'eft ce qui rend certains orages fi terribles, parce que les deux nuages rapprochés produifent tous les deux les mêmes effets, qui fe font fentir tant qu'ils reftent en oppofition, c'eft-à-dire tant que les deux forces qui les pouffent en directions contraires ne peuvent fe vaincre ni l'une ni l'autre, & que les nuages reftent collés l'un à l'autre dans une efpèce d'équilibre, qui devient fi funefte aux pays qu'ils couvrent immédiatement.

Leur effet feroit bien moins dangereux fi, comme le fuppofe le Cartéfien moderne, toute la force des nuages pour produire le tonnerre & la foudre venoit de ce qu'ils coulent l'un au-deffus de l'autre. Il eft fenfible qu'alors le phlogiftique, quoique enveloppé par ces deux maffes humides, feroit comprimé avec moins de force en ce que la condenfation des nuages feroit moindre , & que pouvant s'étendre librement, tant dans la région fupérieure de l'air que dans l'inférieure , ils lui préfenteroient moins de réfiftance , & que fi le phlogiftique s'échappoit alors , ce feroit avec moins de violence & par conféquent avec moins de danger pour les corps expofés à l'action de la foudre. Cependant toutes les fois qu'il fait éruption hors du nuage , fon effet n'eft pas pour cela dangereux , parce que , ou il fe confume en l'air , ou , frappant à fon dernier inftant d'activité, il n'a plus aucune force pour vaincre la réfiftance qui lui eft oppofée , & le corps qu'il rencontre n'en eft point offenfé, ou l'on y reconnoît à peine les traces de fon action : c'eft ce que Pline appelle des foudres brutes & vaines , *fulmina bruta & vana* (*l. 2. c. 43.*)

Il auroit pu obferver encore que fi une maffe confidérable de phlogiftique , trouvant ou dans le premier corps qui lui réfifte , ou même dans la difposition de l'air chargé de matières étrangères, un obftacle qu'elle ne peut vaincre tout de fuite, elle fe divife, forme deux foudres féparées qui vont frapper en même tems deux endroits différens avec autant de force l'une que l'autre. J'ai vu la foudre, après s'être divifée en l'air peu après fa fortie du nuage, renverfer une cheminée au couchant, & caufer quelques ravages dans un bâtiment au nord; elle avoit formé un triangle dont l'aire pouvoit avoir environ mille toifes, à la mefurer des deux points où elle avoit frappé en même tems.

Quant à l'écho que forme le tonnerre, il a les mêmes caufes que tous les autres échos naturels. La différente hauteur des fommets, les finuofités des montagnes, les détours & l'oppofition des angles, les cavités qui fe trouvent dans les rochers, les inégalités de la furface de la terre reçoivent & réfléchiffent les fons d'une manière dif-

férente : le bruit du tonnerre n'eſt
pas le même dans une grande ville
que dans une campagne ouverte.
Le retentiſſement eſt plus ou moins
ſourd à proportion des corps qui
le réfléchiſſent. On peut juger de
la ſurface des nuages à-peu-près de
même que de celle de la terre : ils
offrent des inégalités, des profondeurs, des ſinuoſités dans leſquelles les ſons prennent différentes
modifications. Plus le nuage eſt
épais & près de la terre, plus le
bruit du tonnerre eſt profond &
majeſtueux. La terre & le nuage
ſe font écho réciproquement, le
bruit eſt redoublé ; la commotion
eſt plus ſenſible, de même que le
frémiſſement & l'horreur involontaire qui agit ſur les corps, & qui
eſt cauſée plutôt par l'air agité que
par le ſon lui-même.

Au contraire, ſi le nuage eſt
élevé, ſi la terre ne lui fait pas
écho, le bruit du tonnerre eſt plus
clair & plus diſtinct : l'air eſt agité
à une plus grande hauteur, & ſon

mouvement est moins sensible aux
habitans de la terre sur lesquels il
fait moins d'impression. C'est ce
qui arrive lorsque l'air est sec, que
les nuages sont peu épais, sur-tout
quand ils sont poussés par les vents
de nord & d'est sans trouver aucune résistance de la part des vents
de sud ou d'ouest, ou même des
montagnes qui leur sont opposées;
car si elles arrêtent les nuées dans
leur cours, alors elles se replient
sous leur première direction, &
produisent de violens orages, &
souvent des désastres affreux, sur
les terres voisines des montagnes
qui les retiennent.

Pline distinguoit encore plusieurs
espèces de foudres : celles qui sont
sèches ne brûlent pas, mais divisent & mettent en poussière ; celles
qui sont humides noircissent ou
teignent sans brûler; celles qui sont
claires & brillantes sont les plus
merveilleuses, elles vuident les
tonneaux sans en endommager le
bois & sans laisser aucun vestige

de leur paſſage : elles fondent l'or,
l'argent, l'airain ſans endommager
les ſacs, ſans fondre ou même
amollir la cire des ſceaux poſés
deſſus. (*hiſt. nat. l. 2. c. 51.*)

Marcia, dame Romaine, ayant
été frappée de la foudre dans une
de ſes groſſeſſes, ſon enfant fut
tué, & elle n'en reſſentit aucune
incommodité pendant le reſte de
ſa vie. (*a*) On mettoit au rang des
prodiges, qui annoncèrent la ré-
volte de Catilina, l'accident du
Décurion Herennius, qui fut frappé de la foudre par un tems ſerein:
Pline ne nous apprend pas s'il en
mourut. Varron avoit remarqué
avant lui (*l. 3. rerum divinar.*) que

________________

(*a*) Cet ancienne obſervation eſt con-
firmée par ce qui arriva à Altembourg,
ville de la haute Saxe, au mois de juillet
1713 ; une femme groſſe fut atteinte de la
foudre qui ne lui fit aucun mal : quelques
heures après elle accoucha d'un enfant à
demi brûlé, dont le corps étoit tout noir.
*Acta erudit. Lipſſens. an. 1713.*

Lucius

Lucius Scipion avoit de l'or dans
une corbeille d'ofier, où il fut fondu par la foudre, fans que la corbeille en fût altérée. Les anciens
regardoient tous ces évènemens
comme des prodiges : ils ne cher-
choient pas à en découvrir les caufes : on croit à préfent les connoître, & nous les rapporterons dans
la fuite de ce difcours. Ce qu'il y
a de furprenant, c'eft qu'après avoir
dit les chofes les plus fenfées fur
la nature de la foudre & fes caufes,
ils retombent tout d'un coup dans les
erreurs ténébreufes de la fuperftition. Nous citerons Pline pour exemple. Il donne ( l. 2. c. 54 ) en peu
de mots le précis de ce que l'on
doit penfer fur le tonnerre & fes effets. » Il eft certain, dit-il, qu'on
» voit l'éclair plutôt qu'on n'entend
» le bruit du tonnerre, quoiqu'ils
» foient produits en même tems ;
» il n'y a rien d'étonnant, la lu-
» mière fe propage plus prompte-
» ment que le fon. Le coup & le
» bruit vont enfemble, tel eft l'or-

» dre de la nature; mais le bruit
» est l'effet de l'éruption du ton-
» nerre & non du coup qu'il porte.
» La pression de l'air devance en-
» core l'action de la foudre; aussi
» y a-t-il toujours une insufflation,
» un ébranlement qui agit sur le
» corps avant qu'il ne soit frappé,
» & si on voit la foudre, si on en-
» tend le tonnere, on ne risque
» plus d'en être atteint. » Ces remarques judicieuses paroissent être
la suite des observations les plus
exactes : comment, après avoir rai-
sonné d'une manière si conforme
aux procédés de la nature, le célèbre naturaliste peut-il s'occuper
sérieusement dans le même chapi-
tre, à discuter la validité des au-
gures que l'on peut tirer du tonnerre tombé à droite ou à gauche,
de l'ordre que les Toscans y met-
toient, & de mille autres chimères qui sans doute formoient
le fonds des idées du vulgaire sur
le tonnerre & la foudre ? Elles tenoient à la religion de ces tems,

& c'eſt ce qui les rendoit ſi reſ-
pectables, ce qui obligeoit d'en
parler conformément aux idées do-
minantes, un homme trop éclairé,
trop ſoigneux de s'inſtruire pour
donner dans des erreurs auſſi pal-
pables.

## §. V.

## *Veſtiges anciens de l'électricité.*

Je n'ai rien trouvé dans Pline
d'auſſi ſingulier que ce qu'il dit ſur
la manière de faire deſcendre la
foudre (l. 2. c. 53. *de fulminibus
evocandis.*) il ſemble que l'on doive
y retrouver une pratique fort ancienne de l'électricité. » Nos an-
» nales nous apprennent, dit-il,
» qu'il y a eu des ſacrifices, des
» cérémonies ſacrées & des prières,
» pour obtenir la foudre & même
» pour la forcer à deſcendre. Por-
» ſenna roi des Toſcans, les mit
» en uſage avec ſuccès: avant lui
» Numa pratiqua ſouvent ces actes

» religieux & effrayans ; & Tullus
» Hoſtillius ayant voulu l'imiter,
» & n'ayant pas ſans doute obſervé
» tous les rites preſcrits, fut frappé
» de la foudre. Jupiter qui, dans
» d'autres circonſtances, étoit ap-
» pellé Stateur, Tonant, Férétrien,
» avoit dans cette occaſion le nom
» d'*Elicius*. . . . . » Les avis ſur ces
cérémonies ſont différens ; les uns
penſent qu'il eſt d'une audace ou-
trée de vouloir commander à la nature ; les autres, qu'il y a de la
puſillanimité à la borner dans la
diſtribution des bienfaits que l'on
en peut recevoir. , . Ce qui paroiſſoit condamnable dans ces pratiques, c'eſt que l'on pouvoit eſpérer par-là de fixer l'ordre incertain
des deſtinées, & Pline dit qu'il
faut s'en tenir à ce que la nature
peut en ordonner ; que cependant
on eſt libre d'en penſer ce que l'on
jugera à propos, & d'en regarder
les effets comme certains ou douteux, & les cérémonies elles-mêmes comme approuvées ou con-

damnables. Sénèque n'en a point parlé ; Muret, un de ses commentateurs, qui n'avoit aucune idée des expériences électriques, dit que sans doute les Romains avoient abandonné ces pratiques comme inutiles ou dangereuses, peut-être sera-ce un jour parmi nous le sort de l'électricité.

Ce qu'Ovide raconte des cérémonies que Numa mit en usage pour attirer la foudre à son gré, est sans doute plutôt un jeu de l'imagination de cet écrivain ingénieux, qu'un récit conforme à la vérité. Quoiqu'il en soit, il suppose (*faftor.* 3.) que ce fut par le moyen de Picus & de Faune, deux demi-dieux champêtres, que Numa parvint à connoître le moyen inconnu jusqu'à lui, d'attirer du ciel ces foudres favorables que l'on regardoit comme des signes certains de l'approbation qu'il donnoit aux desseins des mortels. Le roi de Rome, qui préparoit toutes ses entreprises dans le plus grand se-

cret , & qui avoit un commerce
habituel avec la nymphe Egérie,
connoiffoit auffi la fontaine où Picus & Faune venoient fe défalté-
rer toutes les nuits. Il y fit porter
du vin dont ils burent copieufe-
ment. Les deux demi-dieux s'eni-
vrèrent & s'endormirent : Numa
les furprit dans cet état, les fit attacher, & les força à lui révéler des
fecrets qu'il n'auroit pu découvrir
par un autre moyen; & en confé-
quence il annonça au peuple af-
femblé, que le lendemain à la fin
du jour, après que le foleil, éclatant de toute fa lumière, auroit
parcouru fa carrière, il verroit les
prodiges qu'il lui avoit annoncé.
Il les entretenoit encore de la pro-
meffe des dieux, lorfqu'au foleil
couchant, on entendit un bruit
éclatant de tonnerre : le dieu tonna
trois fois fans qu'il parût aucun
nuage, il lança trois foudres: croyez
m'en , dit le poëte, je raconte des
chofes merveilleufes & cependant
réelles. Ce qu'il y eut de plus éton-

nant encore, c'est que le ciel paroissant s'ouvrir, le roi & toute la multitude baissant les yeux de frayeur & de respect, on vit enfin paroître en l'air un bouclier qu'un vent léger sembloit soutenir, & qui descendit en se balançant jusqu'à terre. . . . . .

. . . . . Gravis æthereo venit ab axe fragor.
Ter tonuit sine nube deus, tria fulgura misit;
credite dicenti, mira sed acta loquor.

Si l'on a prétendu trouver dans l'iliade d'Homère, dans la colère d'Achille, les finesses d'Ulisse, les emportemens d'Ajax, la gravité d'Agamemnon & les travaux du siége de Troyes, toute la conduite qu'un Alchymiste devoit tenir pour arriver à la perfection du grand-œuvre : pourquoi ne reconnoîtroit-on pas dans le récit allégorique d'Ovide les procédés que la physique mettoit en œuvre dans ces tems reculés, pour produire quelques-uns des miracles de l'électricité ? Picus & Faune, enivrés par l'a-

D iv

dreſſe de Numa, liés enſuite &
forcés de dire ce qu'ils ſavoient de
plus caché; les eſpèces de préparations que le roi de Rome met en
uſage, le tems qu'il emploie à prévenir le peuple, & ſans doute à
diſpoſer tout ce qui pouvoit faire
réuſſir ſon opération & le prodige
qui devoit en réſulter: ce bouclier,
qui paroît tout d'un coup en l'air,
ſoutenu par le ſouffle des zéphirs.
Toutes ces merveilles ne peuvent-
elles pas prendre dans l'imagination d'un habile commentateur,
la forme des procédés connus de
l'électricité, & dévoiler quelques
parties de l'art que le ſage & prudent Numa employoit pour adou-
cir les mœurs d'un peuple qu'il
avoit entrepris de civiliſer, & qu'il
retint par ce moyen pendant qua-
rante-trois ans ſous ſon empire,
occupé aux exercices de la paix,
aux ſacrifices & à la pratique des
loix, qui juſqu'alors lui avoient été
inconnues.

Il paroît encore que Numa avoit

laissé quelques mémoires sur la manière de faire des sacrifices à Jupiter *Elicius* : Tullus les trouva sur la fin de son règne, se cacha pour opérer dans le secret ces mystères; mais, dit Tite-Live, ( l. 1. ) sans doute que ce prince n'étoit pas bien initié, ou ne s'y prit pas de la bonne manière pour arriver au but de ses sacrifices : non-seulement le ciel ne répondit pas à ses sollicitations, mais Jupiter, tracassé à contre tems par des cérémonies faites mal-adroitement, le frappa de la foudre, & mit le feu à sa maison, où il fut brûlé. Que conclure de ce récit, sinon que Tullus voulut forcer la machine, & qu'il lui arriva les mêmes accidens que l'on craindroit de l'expérience de Leyde poussée à un certain point. Je puis me tromper dans mes conjectures, mais il me semble que ce que Pline, Ovide & Tite-Live nous rapportent de cette manière d'attirer la foudre, a bien du rapport avec les nouvelles expériences de l'électricité.

D v

Nous ne nous arrêterons pas davantage ſur ce que les anciens ont
écrit touchant le tonnerre, là foudre & les éclairs : ils avoient tous
à peu près les mêmes idées, & nous
avons réuni en peu d'eſpace ce que
l'on trouve de plus lumineux dans
leurs écrits à ce ſujet. Comparons-
les avec les modernes, & voyons
ce que les découvertes nouvelles,
& les obſervations comparées ont
ajouté à la maſſe de nos connoiſ-
ſances.

## §. VI.

*Bruit du tonnerre & ſa cauſe.*
*Changemens qu'il peut occa-*
*ſionner dans l'état de l'air.*

On trouve pluſieurs cauſes du
bruit du tonnerre. Il paroît d'abord
qu'il peut être produit par le choc
des nuées qui ſe heurtent mutuel-
lement, ou par la chûte d'une
nuée élevée ſur une autre qui eſt
plus baſſe. Car ſoit que les nuées

ne faſſent que ſe frotter par les
côtés, ſoit qu'elles ſe briſent en
tombant les unes ſur les autres, il
faut néceſſairement que cette rencontre excite un bruit ſenſible.
Quoique les nuées ſoient de grands
corps rares & ſouples, elles ont
cependant des parties roides &
dures que le choc, la preſſion, ou
tout autre effort ne peuvent ſéparer
les unes des autres, ou briſer, ſans
qu'il en réſulte quelque bruit, qui
redoublé par les réflexions différentes qu'il éprouve dans les cavités
irrégulières & les vuides qui ſe trouvent dans les nuées, aquiert une
force prodigieuſe, & produit ces
ſons graves & retentiſſans qui ſe
portent à une grande diſtance. On
peut juger de ce qui ſe paſſe dans
les intervalles des nuées, par ce qui
arrive dans les inégalités des montagnes : un coup de fuſil tiré en
plaine ouverte, fait à peine quelque ſenſation ; il ſe multiplie dans
les gorges des montagnes couron-
nées de rochers eſcarpés & d'arbres,

D vj

au point que le son réfléchi augmente de force à mesure qu'il se redouble, & se porte à une très-grande distance du lieu de son origine, avec un bruit étonnant. C'est encore par cette raison qu'un cri d'une force médiocre, produit dans les forêts un retentissement long & effrayant.

On peut concevoir que le bruit du tonnerre se produit de cette manière; mais ce n'en est pas la seule cause, sur-tout quand après un long intervalle, le bruit se fait entendre de nouveau, & que l'on ne peut pas supposer qu'il y ait chûte d'une nuée sur une autre, ou un choc latéral & violent de deux nuées qui se rencontrent en direction contraire. Ne peut-on pas conjecturer que le bruit du tonnerre est produit plutôt par l'air échauffé & les exhalaisons qui se trouvent entre les deux nuées, ou embarrassées dans les vapeurs humides qui en forment le corps : en ce cas le même bruit peut se faire dans une

nuée seule, sans qu'il soit nécessaire de recourir à la chûte d'une nuée
sur l'autre ou à leur pression laté-
rale. Cet air, ces exhalaisons sèches
& inflammables peuvent donc y
causer des mouvemens intestins,
très-violens, suivis d'explosions,
ainsi que nous allons l'expliquer.

Quand l'air est fort échauffé, soit
par l'abondance des exhalaisons &
des vapeurs qui s'élèvent d'un sol
ardent, soit par la chaleur du so-
léil d'été à son midi, ou par l'une
& l'autre cause ; il est nécessaire que
les vapeurs & les exhalaisons, relativement à leur nature particulière, s'atténuent & soient portées,
au moins en partie, aux régions les
plus hautes de notre atmosphère,
tandis que le reste, en raison de sa
pesanteur & de sa consistance res-
pective à celle de l'air, s'arrête plus
bas, & se forme en nuages par les
mouvemens divers & les altérations
qu'il y éprouve, comme nous l'a-
vons dit plus haut. (*tom.* 5. *disc.*
8. §. 15 & 17.)

Ainsi supposant deux nuées, l'une au-dessus de l'autre, si la plus haute est frappée par un vent chaud qui s'élève de la terre, il s'ensuivra que les molécules glaciales les plus ténues, répandues dans le nuage, qui empêchent que les parties les plus solides ne se touchent, & que les exhalaisons ne se rassemblent, il s'ensuivra, dis-je, que ces molécules se fondant, & toutes les parties de la nuée se rapprochant, sa densité & sa pesanteur augmentent & deviennent encore plus considérables; après que les parties roides & grossières amollies, se sont rassemblées, & ont formé des molécules plus grosses. La pesanteur s'étant donc accrue, la nuée la plus haute ne pouvant plus se soutenir au degré d'élévation où elle étoit, descend avec un mouvement qui s'accélère proportionnellement au poids qu'elle acquiert. Mais parce que l'air résiste d'autant moins aux extrémités de la nuée, qu'il trouve plus de moyens de s'échapper, les parties extrêmes s'abaiffent avant celles du milieu, ou plutôt les extrémités étant plus fortement frappées par l'action de l'air chaud, elles fe condenfent davantage, deviennent plus pefantes & defcendent plus rapidement. De-là il s'enfuit que la nuée la plus haute prend la courbure d'une voûte, & que fon effet fe porte, tant du centre que des côtés, fur le milieu de la nuée inférieure, qui s'étend en ce point & forme avec celle du haut une efpèce de ballon.

Il faut encore que ces deux nuées fe joignent, parce que quoique celle du deffous s'abaiffe un peu à raifon du poids qui la preffe, cependant retenue par l'air inférieur, elle defcend moins vîte que l'autre, dont le mouvement s'accélère à mefure que la réfiftance de l'air qui la foutenoit diminue. La raifon pour laquelle la nuée d'en haut fe condenfe plus promptement que celle d'en bas, quoique l'une & l'autre puiffent être frappées par le même vent chaud, est que ce vent pénètre plus aisément la nuée la plus rare, amollit & fond plus promptement les particules solides dont nous avons parlé.

Les choses ainsi supposées, on conçoit que l'air renfermé dans l'espace qui se trouve entre ces deux nuées fait effort pour s'étendre & s'échapper par les côtés, où il trouve le moins de résistance; ordinairement par les extrémités des deux nuées réunies, dont les parties ne peuvent pas se joindre si exactement à raison de leurs inégalités & de la différence des matières dont elles sont formées, que l'air d'autant plus vivement agité qu'il est plus comprimé, ne trouve des parties plus lâches ou moins adhérentes par lesquelles il fait éruption. De-là les vents en toute direction qui accompagnent les orages & qui sortent immédiatement des nuées, & même quelquefois d'une seule que l'on a vu se former, grossir, & descendre de

la région supérieure de l'atmosphère jusqu'à l'inférieure, où elle
produit les plus grands ravages ;
ainsi que nous l'avons remarqué en
parlant des orages qui se font sur
les côtes de l'Afrique, & en particulier de l'Œil-de-Bœuf si connu
au Cap de Bonne Espérance, par la
violence des tempêtes qu'il y excite.
On peut dire qu'alors par l'expansion prodigieuse & subite que prennent ces sortes de nuages d'abord si
petits, ils renferment une grande
quantité d'air dans leur capacité,
qui cause le même effet que deux
nuages qui viennent à se réunir :
explication qu'il faut nécessairement admettre, & qui n'exclut
point la première, si l'on veut rendre raison des phénomènes dont on
est témoin tous les jours, dès qu'on
examine avec attention ce qui se
passe dans l'air, dans le tems des
orages, & lorsqu'ils se forment.

Comme l'éruption dont nous
venons de parler ne se fait qu'à la
suite des efforts réitérés de l'air ren-

fermé entre les deux nuées, & sur-
tout par l'action de la nuée la plus
haute, il doit en résulter un bruit
plus ou moins grave, proportionné
à la grandeur des canaux fistuleux,
supposés dans les nuées, & à la
quantité d'air ou d'exhalaisons inflammables qui y circulent. Quel
que soit d'abord ce son, les réflexions multipliées & le retentissement qui se fait dans les cavernes,
& même dans la partie de l'atmosphère renfermée entre le nuage inférieur & la terre, peuvent l'augmenter beaucoup; sur-tout si la
nuée, formant une espèce de voûte,
a ses côtés plus abaissés que son
centre. Alors le bruit se faisant par
réflexion de la nuée à la terre, &
de la terre à la nuée, il doit être
d'autant plus fort que l'air inférieur
est plus raréfié. C'est ce qui arrive
dans quelques orages d'été, où le
retentissement aussi fort sur la terre
que dans l'air, fait craindre un bou-
leversement général, dont il donne
l'idée & qu'il semble annoncer.

Les partisans du système que nous développons ici, ont une comparaison favorite dont Descartes leur maître s'est servi le premier. Toutes les fois, disent-ils, après lui, qu'une grande quantité de neige se détache du haut d'une montagne, & tombe sur un autre tas de neige qui est au-dessous, on entend un bruit semblable au tonnerre ; le son en est d'autant plus fort, & imite d'autant plus parfaitement celui du tonnerre, que la neige tombe d'un lieu plus élevé, occupe une surface plus étendue, & que le sol est plus propre à la propagation du son, à le réfléchir, & à le redoubler en le prolongeant. On peut, ajoutent-ils, prouver que le tonnerre se produit ainsi, parce que toutes les différences des tonnerres à raison du son, du lieu, du tems, quadrent avec cette comparaison. On admet trois modifications différentes dans le bruit du tonnerre ; il est grand ou petit, grave ou aigu, distinct ou

confus. Le bruit est fort & retentissant, lorsque les nuages par le
choc desquels il est produit, sont
éloignés & sonores : il est petit, si
ces nuages sont près & trop peu
compactes pour rendre beaucoup de
son, ainsi ces premières modifications décident de la force ou de la
foiblesse du bruit. Le tonnerre est
grave, lorsque les nuées sont lâches
& mollasses, & que leur action
l'une sur l'autre est foible; il est
aigu lorsque les nuées sont plus
compactes, plus tendues, & que
leur mouvement opposé est plus
fréquent : enfin ce bruit est distinct,
lorsque les sons se suivent par des
intervalles marqués, & il est confus lorsque le roulement paroît
continuel, & partir des différens
points de la nuée.

Quoique cette explication ne soit
pas absolument arbitraire, qu'elle
soit fondée sur l'observation de la
nature & de l'état de l'air dans le
tems des orages, où l'on voit les
nuages à différentes hauteurs se ra-

procher & aller en toute direction,
les uns au-deſſus des autres : il y a
cependant tant d'autres obſervations & de faits conſtants qui s'op-
poſent à ce que l'on donne, comme
une loi générale de la nature, ce
qui n'arrive que dans quelques
circonſtances particulières , que
l'on eſt forcé de convenir que cette hypothèſe n'a rien de plus ſolide que le nom reſpectable de
celui que l'on en regarde comme l'auteur , & la réputation de
ceux qui ſe donnent pour ſes diſ-
ciples.

Ils ſuppoſent d'abord qu'il n'y
a point de tonnerre ſans le choc de
deux nuages , ou ſans la preſſion de
l'un ſur l'autre : cela peut arriver
quelquefois, mais comme le tonnerre ſe forme & ſe fait entendre
dans un nuage ſeul , on ne peut pas
admettre pour principe abſolu ce
qui n'eſt que cauſe accidentelle. La
comparaiſon même que l'on tire
de deux tas de neige , qui en tombant l'un ſur l'autre font un bruit

semblable à celui du tonnerre, n'est ni juste ni concluante. Elle a frappé celui qui observa le premier cette chûte inopinée; il fut effrayé du bruit, les effets lui en parurent redoutables, il les compara à ceux du tonnerre, & cette masse mobile devint dans la suite la base d'un système que l'on adopte encore, parce qu'il est impossible de voir & de juger par soi-même & d'assez près pour qu'il ne reste aucun doute, sur la modification de la matière, sur les mouvemens de l'air, & l'opposition mutuelle du sec & de l'humide, du chaud & du froid, lorsque le tonnerre se fait entendre dans les nuées, que l'éclair s'en échappe, & que la foudre en sort.

Ce que l'on peut dire relativement à la comparaison dont la solidité nous occupe, & du son fort & éclatant qui est produit par la chûte d'un tas de neige sur un autre, c'est que l'air renfermé entre deux ayant été subitement comprimé, se raréfie en s'échappant, frappe vivement la masse plus solide de l'atmosphère, & excite un bruit semblable à celui du canon, ou de toute autre explosion, à la suite de laquelle l'air renfermé se remettant en liberté, agit sur l'air ambiant avec un éclat redoublé & prolongé par les corps intermédiaires ou opposés qui réfléchissent le son ; ainsi qu'il arrive lorsque l'on tire un coup de fusil dans des gorges de montagnes, où le son se redouble & se prolonge par les inégalités du terrein, & par les cavités des roches : quoique ce phénomène, arrive non par un prolongement du même son continué & par un retentissement égal, mais par la répétition du coup fait par l'écho, de sorte que le bruit va toujours en diminuant, à mesure qu'il s'éloigne du point d'où il est parti, ainsi qu'il est aisé de s'en appercevoir. Mais quelle différence de l'effet de ce bruit à celui du tonnerre, qui se propage par un roulement à-peu-près égal, & toujours relatif au plus ou moins de matière enflammée, qui agit dans le nuage, & qui éclate s'il y a éruption. La comparaison pourroit offrir quelque ressemblance, si le tonnerre n'étoit qu'un vain bruit occasionné par le choc des nuages & par la raréfaction de l'air : mais les effets formidables des foudres qui l'accompagnent, ne nous apprennent que trop que ce n'est pas le seul choc des nuages, & leurs frotemens occasionnés par des directions contraires qui excitent le bruit qui annonce l'existence du tonnerre & de la foudre au-dessus de nos têtes. Quiconque a observé les nuées du haut des montagnes, qui a vu la fermentation qui y règne, l'inflammation du phlogistique qui y est renfermé, son action vive, même sans éruption, & le bruit qui en résulte, sera persuadé que le choc de deux nuées l'une supérieure, l'autre inférieure, est inutile pour la formation du tonnerre & du bruit qui l'accompagne.

Il

Il y a dans plusieurs provinces de France des montagnes assez élevées pour arrêter les nuées, & donner aux observateurs des phénomènes de la nature, le moyen de les examiner de près, & d'en acquérir une connoissance assez précise. J'eus ce spectacle à la fin d'août 1750, entre Châlons-sur-Saone & Tournus, sur la montagne de Boyer, qui est à une demi-lieue au-delà de Seneçey. Le vent qui souffloit de nord-est à sud-ouest, avoit arrêté, aux trois-quarts de la hauteur de cette montagne, une petite nuée, dans laquelle on entendoit du bas, le bruit du tonnerre; la voiture où j'étois avança assez vîte pour pénétrer le nuage en partie, & arriver en même-tems au haut de la montagne. J'observai que ce nuage, qui de la plaine m'avoit paru obscur & épais, devenoit plus diaphane à mesure que j'en approchois, que le bruit du tonnerre, moins sourd & retentissant, étoit plus fréquent & plus léger. Au moment que la voiture fut entrée dans le nuage, il ne me parut plus que comme un brouillard épais, mais alors le bruit du tonnerre, que je n'entendois que par intervalle du bas de la montagne, devint continuel sans être effrayant. Je ne puis mieux le comparer qu'à celui que feroit un tas de noix que l'on rouleroit sur des planches. J'entendis ce même bruit pendant deux ou trois minutes, ne doutant point qu'il ne fût occasionné par la collision des parties inflammables, qui se heurtoient d'autant plus vivement qu'elles étoient renfermées dans un air épais & très-humide. Au moment que je fus arrivé au sommet de la montagne je descendis de la voiture pour examiner avec plus d'attention le mouvement de ce nuage: je vis que la direction du vent le portoit à quelques toises du chemin, au midi, il suivoit encore la pente opposée de la montagne qu'il touchoit, & on le voyoit mêlé entre les arbres & les buissons dont elle est couverte : mais tout-à-coup il s'en détacha comme une boule de savon de l'extrémité d'un chalumeau, & s'éloigna avec une très grande rapidité. Alors il devint obscur, le bruit du tonnerre fut moins fréquent mais plus fort, & comme j'étois plus élevé que le nuage, je voyois, malgré la lumière du soleil qui étoit à son midi, les éclairs paroître & la matière fulminante serpenter à la surface supérieure, assez fréquemment pour croire que cet incendie ne devoit pas durer long-tems. Quant à ce que je pouvois juger du corps du nuage par ce que j'en avois éprouvé en le traversant, il devoit se résoudre en une pluie de quelques instans. Ce nuage étoit simple, peu épais, les exhalaisons qu'il renfermoit n'étoient point comprimées par un nuage supérieur, cependant il y avoit fermentation, éclairs & bruit de tonnerre.

On sera peut-être étonné que si peu de matière ait fourni à tant d'éclairs, à une fulmination intestine & continuelle, à un bruit de tonnerre souvent renouvellé : mais il faut regarder ces orages légers, comme des espèces d'opérations chimiques qui se font dans un coin déterminé du grand laboratoire de la nature. Ce tonnerre sans foudre étoit sans doute produit par le mélange d'une matière sulfureuse avec un esprit acide. Ces deux matières mêlées ensemble dans une quantité convenable par un chymiste, ayant été une fois enflammées se dissipent absolument, & il ne peut plus se faire d'inflammation nouvelle, ni de détonation, sans une autre préparation des mêmes matières. Cependant dans l'observation que je viens de rapporter, il y eut un grand nombre d'éclairs successifs, qui marquoient autant d'inflammations différentes, on y voyoit encore la matière fulminante enflammée serpenter presque continuellement d'un bout du nuage à l'autre, du nord au sud, & du sud au nord,

dans le corps de la petite nuée qui
étoit plus longue que large : tout
cela marquoit des incendies renouvellés & si fréquemment que quand
tout le nuage n'eût été formé que
d'exhalaisons inflammables, elles
n'auroient pas dû suffire à entretenir autant de feux redoublés. Un
habile chymiste, M. Homberg,
(*mém. de l'acad. des sciences, an.*
1708.) conjecture que les mêmes
matières qui par leur union s'enflamment, & par cette inflammation se séparent aussi-tôt, peuvent
se rejoindre de nouveau, s'enflammer encore, & ainsi plusieurs fois
de suite, tant qu'elles restent enveloppées dans la masse des vapeurs
aqueuses qui forment le corps apparent de la nuée. Elles ne le pourroient pas sur la terre parce que dès
qu'elles sont enflammées, & par conséquent devenues très-rares & très-
légères, l'air inférieur plus pesant
qu'elles, qui les presse de tous les
côtés, les élève jusqu'à une région
où elles se trouvent en équilibre

avec un air plus délié, où elles semblent se perdre & se dissiper au moins pour le moment. Mais si ces mêmes matières se sont élevées en exhalaisons du sein de la terre par l'action de la chaleur, si elles sont parvenues jusqu'à cette région de l'équilibre, ou si même elles restent plus bas réunies, mais enveloppées d'une certaine quantité de vapeurs aqueuses, elles s'y enflamment, & ne trouvant point d'air plus pesant qui puisse les déterminer à monter plus haut, elles ne se dissipent point, ou ce n'est qu'après des incendies multipliés. Elles demeurent donc dans cet espace jusqu'à ce qu'une pluie qui tombe de plus haut n'en nettoie l'air en les rabattant sur la terre. C'est comme nous le dirons plus bas, la cause de ces éclairs multipliés qu'on voit briller à l'horison sous le ciel le plus serein : c'est par une cause à peu près semblable que les éclairs se renouvelloient sans cesse dans la petite nuée dont je viens de parler.

Le bruit du tonnerre peut donc être produit de plus d'une manière, fans que pour cela l'une donne l'exclufion à l'autre. L'air & les nuages, différemment modifiés, peuvent donner lieu à un phénomène femblable, par une combinaifon différente de la même matière. Dans l'explication de ces phénomènes, ce n'eft jamais que quand on s'eft habitué à ne voir les chofes que d'un côté, que l'on rejette toutes les autres manières comme abfurdes. Dans des fujets tels que celui que nous traitons, fi fort au-deffus de notre portée, dont nous ne pouvons juger que par analogie, où l'art, s'il tente d'imiter la nature, n'eft jamais affuré de fuivre conftamment les mêmes procédés, il eft plus fûr d'adopter les différentes explications, dès qu'on peut les appuyer fur quelques loix connues de la nature : toute la fcience confifte à les appliquer à propos aux circonftances. Ainfi on peut regar

E iv

der encore comme une des caufes
du tonnerre, mais non pas comme
la feule, cette matière ignée qui
formée des exhalaifons raffemblées
dans les nuages, s'allume tout d'un
coup, & répand une lumière vive
& éclatante fur les nuées obfcures,
& de là fe porte directement ou
par réflexion fur la terre. Il femble
qu'on ne puiffe attribuer le bruit
éclatant qui fe fait alors dans les
nuages qu'à une violente & fubite
explofion de l'air très-raréfié, qui
ne pourroit être excité que très-diffi-
cilement par la chûte d'une nuée
fur une autre ; puifque quelque accéléré qu'on fuppofe le mouvement
d'un corps auffi rare, il ne peut jamais l'être au point de caufer une
explofion auffi violente de l'air comprimé entre deux. Alors l'air peut
s'échapper de différentes manières
par les côtés ; les deux nuées ne
s'approchent que lentement : on en
juge par le mouvement des unes
fur les autres, tel qu'on peut l'obferver dans le moment des orages.

& par le bruit qui se fait entendre ;
s'il étoit produit par la seule compression des nuées, il devroit être
égal, continuel, & non pas interrompu, ne revenant que par intervalles, tantôt comme un roulement ou un mugissement prolongé,
tantôt par éclats redoublés, à dis-
tances inégales les uns des autres.

Ce qu'ont bien observé les dé-
fenseurs du système dont nous parlons, c'est qu'il est naturel que la
nuée inférieure s'abaisse en raison
du nouveau poids dont elle est chargée, avant que l'air & les exhalaisons renfermées entre les deux n'en
sortent avec autant d'éclat que de
précipitation : c'est ce qui arrive
effectivement quand plusieurs nuages s'unissent. On les voit s'abaisser
sensiblement, mais cela n'empêche
pas que la fermentation ne se fasse
& que l'on ne voie enfin les éclairs
& la foudre en sortir avec un bruit
effrayant, même lorsque les nuées
se dissolvent, & semblent verser
sur la terre des torrents d'eau & de

feu en même-tems. Toute la matière la plus subtile des nuées & de l'air qui les environne à une certaine distance est dans un mouvement d'agitation & même d'effervescence trop sensible pour qu'il échappe à l'observation.

De-là les changemens que les tonnerres apportent dans les qualités de l'atmosphère, salubres pour quelques régions, nuisibles à d'autres. On peut juger des changemens subits que les orages occasionnent dans la masse de l'air, par la fermentation extraordinaire qui s'établit tout-à-coup dans quelques liqueurs lorsque le tonnerre se fait entendre; c'est que l'atmosphère est alors chargée d'une quantité extraordinaire d'un acide subtil & très-pénétrant qui agit par sa propre force, indépendamment des vents qui agitent l'air, & auquel les nuages par leur pression donnent une nouvelle activité. L'air ainsi modifié, venant à pénétrer dans le vin, dans la bière, ou dans

d'autres liqueurs qui ont une tendance naturelle à la fermentation,
il les agite, il leur communique le
mouvement inteſtin, dont on peut
dire qu'il eſt animé ; il y répand un
principe nouveau de fermentation
qui leur enlève bientôt les qualités
que l'on cherche à leur conſerver.
C'eſt pour cela que les braſſeurs de
biere, & les marchands de vin,
ont la plus grande attention à fermer dans le tems des orages leurs
celliers, de manière que l'air extérieur ne puiſſe pas y trouver d'accès.
Il en eſt de même de toutes les ſubſtances qui ſe corrompent aiſément, & qui peuvent alors être expoſées à l'impreſſion de l'air extérieur. La crême, le lait & le beurre
s'aigriſſent preſque infailliblement
dans cette température extraordinaire ; auſſi les payſans de la Hollande, dans le tems des orages,
ferment leur laiterie avec le plus
grand ſoin, pour prévenir des accidens auxquels leur négligence les
expoſeroit. Ce changement dans

E vj

les substances est occasionné par une
trop grande quantité d'acide sulfureux répandu dans l'air, qui, dès
qu'il peut pénétrer, se mêle avec
le lait & la crême, y établit un
mouvement intestin qui augmente
de beaucoup la disposition qu'ils
ont à s'aigrir & à se corrompre.
Cette disposition de l'air n'est pas
moins funeste aux malades attaqués
de douleurs aiguës, elles augmentent dans ces instans : les plaies
nouvelles qui paroissoient saines
auparavant, se corrompent, la fermentation y devient trop forte. Il
faut fermer alors les appartemens
avec soin, y répandre une fraîcheur
artificielle, combattre les effets de
l'acide sulfureux par un autre acide
qui l'empêche d'agir ; c'est à quoi
l'on parvient en partie, en arrosant
la chambre du malade avec du vi-
naigre.

Dans d'autres occasions le mouvement que les orages excitent dans
l'air, arrête la fermentation que
l'on voudroit entretenir dans cer-

taines substances. Les pâtes de farine cessent de fermenter lorsque l'air est violemment ébranlé par la force du mouvement du tonnerre, & que les maisons retentissent de ses éclats. Alors chaque particule de farine éprouve des vibrations extraordinaires, les petites vessicules que la fermentation avoit fait élever entr'elles, & qui formoient une masse spongieuse se crèvent, l'air s'en échappe, les parties retombent les unes sur les autres & la fermentation cesse. Cet accident est moins occasionné par l'action de l'acide sulfureux, que par le mouvement général établi par le tonnerre dans toute la masse de l'air, qui agite les vaisseaux où la pâte est contenue. En tout autre tems le mouvement en empêche la fermentation, ici quoique peu marqué, comme il est continuel, il a les mêmes suites.

A la fin des grands orages, où l'agitation de la matière a été portée au plus haut degré, on entend dans les nuées un bruit sourd de

tonnerre qui n'a plus rien d'effrayant, il n'annonce que les derniers efforts de la cause de la commotion générale, dont l'activité
épuisée s'anéantit. On voit briller
encore quelques éclairs, & au peu
d'espace qu'ils parcourent, à la foiblesse de leur lumière, on juge
qu'ils sont les restes d'un feu qui
s'éteint au foyer de la tempête. Les
vents sont appaisés, & les navigateurs s'apperçoivent que les flots
frémissent encore. La matière ignée
qui a pénétré les ondes continue
d'en soulever doucement les va-
gues, elle y excite un frémissement
qui se calme, à mesure qu'elle se
confond dans un océan de matière
plus dense, & moins susceptible
de mouvement.

Il n'est pas étonnant que le spectacle de la nature, dans les circonstances que nous venons d'indiquer, ait persuadé que les tonnerres subits & violents, ceux dont
le bruit est capable de répandre le
plus d'effroi & d'imprimer une

commotion plus marquée à tous les corps, font produits par les mêmes caufes & la même matière que la foudre, parce qu'ils fe font entendre en même-tems. L'embrafement des exhalaifons dans les nuées, a beaucoup de rapport avec celui de la poudre à canon, qui fe fait tout d'un coup, avec une raréfaction étonnante de la poudre enflammée, qui excite la commotion la plus forte dans toute la maffe de l'air ambiant, & un bruit proportionné à fa quantité. On peut s'en faire une idée par l'accident terrible arrivé à Brefce dans l'état de Venife, le 18 août 1769; les corps les plus lourds lancés à une grande hauteur, & leurs parties difperfées au loin, une grande ville prefqu'entiérement détruite, la terre brûlée aux environs du fouterrain où étoit le magafin à poudre; font les plus terribles exemples de l'action d'une quantité confidérable de cette poudre raffemblée, qui s'allume & fait éruption en même-tems. Aucun

orage aërien ne peut rien occasionner d'auſſi funeſte : les nuées les
plus terribles que l'on connoiſſe,
l'Œil-de-Bœuf du cap de Bonne
Eſpérance, ſi formidable aux navigateurs, n'ont jamais produit de pareils déſaſtres. Peut-être que ſi la
matière dont il eſt formé étoit reſ-
ſerrée dans un eſpace auſſi étroit,
& trouvoit autant de réſiſtance dans
les parois de la nuée, ou dans l'air
ambiant, que la poudre en a trouvé
à Breſce dans des murs épais &
ſolidement conſtruits, que l'exploſion de la matière enflammée que
ce nuage renferme ſeroit plus violente & que ſes coups ſeroient plus
terribles. Peut-être encore qu'une
même quantité de matière comprimée dans les entrailles de la
terre y exciteroit une commotion
aſſez forte pour en ébranler la ſurface au loin, y cauſer des bruits
ſouterrains, ſuivis d'une exploſion
vive & du renverſement de tous
les corps qui ſe trouveroient expoſés à l'impulſion la plus forte de

ce mouvement. C'est ce qui est arrivé le premier de mai 1769 à Bagdad sur le Tigre, lorsque cette ville fut presque entiérement ruinée par un tremblement de terre qui étoit accompagné de l'orage le plus violent.

Ces phénomènes différens considérés dans leurs effets, nous annoncent que la matière des exhalaisons inflammables est fort analogue, si elle n'est pas semblable à celle de la poudre, à canon, & qu'elle peut produire, dès qu'on la suppose allumée, des effets dont la suite répond à sa quantité. Toutes ces exhalaisons ne font que différentes particules des soufres, des nitres, des substances métalliques & d'autres alcalis volatils, dont le mélange ne peut donner qu'une matière très-inflammable, susceptible d'une grande expansion, capable de renverser par son action les masses les plus solides & les plus pesantes, & de répandre dans l'air les sons les plus effrayans. Nous

avons vû plus haut ce que peut produire le ſeul mouvement de l'air
accéléré au plus haut degré, ſans
mélange ſenſible de ces exhalaiſons
ſi actives : (*a*) que l'on compare les
forces de la nature dans ces procédés différens, & on ſe fera une idée
de ce qu'elles peuvent exécuter.

# §. VII.

## *Autres obſervations ſur le bruit du tonnerre, & ſur la pro-pagation du ſon.*

Le bruit qui ſe fait entendre, &
qui ſe répand lorſqu'il tonne, ſe
produit-il comme tout autre ſon ?
Le peut-on comparer à l'écho qui
n'eſt qu'un ſon tardif & réfléchi,
qui vient avec la même modification que le ſon direct frapper l'ouïe,
quand le ſon direct ne ſe fait plus
entendre ? Cette queſtion tient à
l'hiſtoire naturelle du tonnerre, &

______

(*a*) Tome VI de cette hiſt. diſcours 9.
ſeconde partie, §. 3.

demande à être éclaircie, en ce que, dans ce météore c'est le bruit qui l'accompagne qui nous affecte le plus, & qui cause dans l'air cette commotion quelquefois très-violente, dont les effets sont si sensibles.

Le bruit du tonnerre doit être considéré comme tout autre son, ou dans le corps sonore, ou dans le milieu qui lui sert de véhicule, ou dans l'organe de l'ouïe. Ce son n'est que le mouvement de vibration des parties du corps sonore imprimé sur la masse de l'air, & qui vient par ce milieu jusqu'à l'organe de l'ouïe. L'origine du bruit du tonnerre est donc incontestablement dans la nuée, qui doit être d'autant plus vivement frappée qu'elle rend un son plus éclatant : car les corps ne résonnent qu'autant qu'ils sont frappés, & il n'y en a point de plus résonnans que les corps durs & élastiques, dont les parties intégrantes comprimées par le coup, sont d'abord agitées par un mouvement qui se communique des

unes aux autres, & se rétablissent
ensuite par la force de leur élasticité. Je ne parle ici que du bruit
du tonnerre & non pas de la détonation éclatante qui se fait au moment de l'éruption de la foudre :
il faut distinguer ces deux sons. Le
premier peut être comparé à tout
autre & expliqué de même ; le second se fait moins de la nuée à
l'atmosphère, que par un effet de
l'éruption subite de la matière enflammée qui fait une impression
étonnante sur l'air, & ne peut être
comparée qu'à elle-même. On doit
donc considérer le bruit du tonnerre soit dans la nuée, soit dans
les corps qui le réfléchissent : les
modifications de l'air doivent alors
être les mêmes que dans tous les
corps résonnans. Dans ceux-ci le
refaut des particules est sensible au
tact & à la vûe : un morceau de papier, posé sur un corps résonnant,
tressaille si on le touche, on sent
le mouvement de ses parties : si la
corde d'un instrument n'est point

tendue & montée à un ton déterminé, elle fait quelques oscillations sans rendre aucun son : les membres d'une pincette rapprochés avec
force, & remis en liberté, font des
oscillations vives & fréquentes sans
bruit, elles ne résonnent qu'autant
qu'elles frappent quelque corps dur.
Ces expériences apprennent que le
son n'est pas seulement produit par le
mouvement oscillatoire d'un corps
dur & sonore, mais par le tremblement de ses parties comprimées
qui agissent l'une sur l'autre. Ce
mouvement est communiqué à l'air
contigu, ses parties élastiques &
légères tremblent comme la corde
d'un instrument de musique & sont
affectées du même mouvement que
les corps sonores. C'est donc l'air
qui est le véhicule du son : on en
a la preuve dans les corps sonores
placés dans la machine du vuide ;
ils rendent des sons plus languissans
à mesure que l'on en tire l'air, dès
qu'on l'a pompé entiérement, ils
n'excitent plus aucun bruit que l'on
puisse entendre.

Cependant tout mouvement de l'air ne ſuffit pas pour produire le ſon ; car qu'une partie conſidérable de l'atmoſphère ſoit agitée, il s'enſuit un grand vent ; le fluide a une direction accélérée, mais il ne rend aucun ſon diſtinct dont on puiſſe déterminer l'origine & le ton : il faut de plus un mouvement alternatif de vibration, produit & entretenu par un corps ſonore en mouvement. Ce n'eſt qu'ainſi que l'on peut expliquer la propagation du ſon & celle du bruit du tonnerre. Les parties de ce corps en avançant agiſſent ſur les bandes les plus voiſines de l'air, les compriment & les condenſent : ces mêmes parties revenant ſur elles-mêmes, laiſſent à l'air comprimé la faculté de ſe retirer & de s'étendre ; ainſi les bandes de l'air les plus voiſines du corps ſonore en mouvement vont & viennent alternativement, & comme elles ſe condenſent en allant, & ſe relâchent en revenant, les autres bandes de l'atmoſphère

où le son se répand prennent par
communication le même mouvement. Mais il ne se fait pas également dans toutes les parties en
même tems, il est alternatif des
unes aux autres, c'est-à-dire que
le premier cercle qui a pressé le
second, se relâche, pendant que
le second presse le troisième, l'é-
lasticité de toutes les molécules
constituantes la masse de l'air, fait
aisément comprendre ce méca-
nisme. Le même mouvement excité dans le corps sonore se répand
donc dans l'air : tout le corps d'une
cloche agitée & frappée par le bat-
tant, tremble, & chacune de ses
parties a ses vibrations. Si on l'e-
xamine attentivement, de ronde
qu'elle étoit, elle paroît prendre
la forme ovale, & s'allonger tantôt d'un côté, tantôt de l'autre,
lorsqu'elle cède à l'action du bat-
tant qui la frappe.

Mais quoique toutes les parties
du corps sonore en mouvement ail-
lent & reviennent dans une même

détermination fixe, eu égard à sa
position; cependant le mouvement
qui se communique par le moyen
de l'air se répand circulairement à
la manière des fluides, qui mus
dans une de leurs parties, agissent
également sur toute la masse qui
les environne : ainsi le mouvement
où le son s'étend du corps sonore,
comme d'un centre commun, par
des superficies sphériques & concen-
triques. On en a un exemple im-
parfait dans l'eau agitée par un bâton, dont le mouvement se communique du centre aux extrémités
de la manière que nous venons
d'indiquer, sans aucun égard à
l'irrégularité du mouvement du bâton. Cette comparaison n'est pas
exacte en tout point, car si le milieu par lequel se communique le
mouvement n'est pas tout-à-fait
élastique, certaines parties pressées
par le corps sonore ne pourront plus
se rapprocher, le mouvement alternatif de vibration sera interrompu, & ne se communiquera
que

que par le milieu dont les parties
élastiques en seront susceptibles. (a)

---

(a) Les réflexions suivantes tirées des
premiers mémoires de l'académie des sciences, sont très-propres à répandre une nouvelle lumière sur cette théorie du son.
» Les parties invisibles des corps, & qui
» par leur structure & leur configuration
» font leurs différences essentielles, sont
» encore composées de particules plus pe-
» tites & moins différentes, en différens
» corps que ne sont les parties. Ces parties
» & ces particules ont un ressort. Quand
» les particules sont ébranlées de façon
» que leur ressort joue, elles frappent par
» leur retour les parties de l'air qui les tou-
» chent, avec la plus grande vîtesse qu'el-
» les leur puissent imprimer, puisqu'elle
» est produite par la détente du ressort;
» & cette vîtesse est si grande qu'elle l'est
» plus que celle qu'a ordinairement l'air,
» pour se retirer de derrière les corps qui
» le frappent. D'ailleurs comme l'espace
» où le ressort a joué est extrêmement
» petit, l'air a plus de facilité à faire ce
» peu de chemin en avant, qu'à se retirer
» derrière la particule. La partie de l'air
» frappée avance donc d'un espace égal à
» celui où le ressort s'est étendu; elle pousse
» celle qui la suit, & ainsi de suite jusqu'à

*Tome VIII.*                    F

Quant au bruit du tonnerre, il faut encore avoir égard à la ma-

---

» l'oreille. De-là vient que le son se porte
» avec tant de vîtesse, & que les autres
» agitations de l'air, comme le vent, n'en
» empêchent que fort peu la propagation,
» parce qu'elles sont trop lentes par rapport
» à celles-là. L'air agité de cette façon
» particulière, va frapper tous les corps
» qu'il rencontre. Il en ébranle les parti-
» cules de la même manière qu'il est lui-
» même ébranlé : elles se mettent en res-
» sort, & par leur retour ou détente,
» frappent d'autres parties de l'air, & for-
» ment un son réfléchi, qui se mêle avec
» le son direct ; lorsque les corps réfléchis-
» sans sont proches, & que la différence
» entre le son direct & le son réfléchi ne
» peut être sentie. Si les corps réfléchissans
» sont éloignés, une partie du son réfléchi
» se confond avec le son direct ; le reste
» s'en sépare, & c'est ce reste de réflexion
» que l'on appelle écho. Les réflexions qui
» se mêlent au son direct font deux effets ;
» c'est par cette raison qu'une fusée qui
» crève en l'air, fait beaucoup moins de
» bruit que quand elle crève près de terre.
» De plus elles font que le son qui natu-
» rellement ne s'étend que sur une seule
» ligne droite, est entendu presque éga-

nière dont l'air est alors modifié &
à la position des nuées. A en ju-

» lement de tous côtés à la ronde, & que
» si quelque obstacle traverse la ligne di-
» recte & principale, son défaut est faci-
» lement suppléé par une infinité d'autres
» lignes. Cet effet vient souvent aussi de
» ce que le corps qui produit le son, quoi-
» que frappé dans un seul endroit, est
» ébranlé dans toutes ses particules, à
» cause de la liaison de ses parties : alors
» le son se répand en rond sans le secours
» des réflexions conjointes. Ces réflexions
» ont beaucoup de force pour modifier le
» bruit ; elles le rendent ou plus clair ou
» plus sourd, selon la nature des corps
» réfléchissans : quelquefois même elles le
» changent tout à fait..... Comme la
» vîtesse du son dépend de celle du ressort
» des particules, elle doit toujours être
» égale du moins sensiblement, quelsque
» soient les corps qui produisent le son,
» parce que les particules sont peu diffé-
» rentes dans les corps les plus différens.
» La force du son qui ne dépend que du
» nombre des particules ébranlées, ne
» change rien non plus au ressort des par-
» ticules, ni par conséquent à la vîtesse
» dont le son se répand : ainsi on entend
» aussitôt le bruit d'un pistolet que celui

ger par les sensations que la plûpart des corps en reçoivent, par ce qui arrive aux malades & surtout aux blessés dont les plaies se corrompent très-aisément, & aux viandes de toute espèce qui se gâtent; il est sensible qu'il se répand alors dans l'air un fluide subtil plus abondant qu'il n'y est d'ordinaire; c'est sans doute un phlogistique nouveau, une matière sulfureuse qu'y portent les éclairs. Cette matière extraordinairement atténuée, ne tombe pas sous les sens, on ne peut reconnoître son existence qu'à ses effets. Outre le mouvement qu'elle a d'elle-même, il doit encore être fort augmenté par la raréfaction où elle se trouve, surtout dans les bandes de l'atmos-

---

» d'un canon. Le retardement du son ne » suit que la proportion des espaces indé- » pendamment des corps qui le produi- » sent.....» *Voyez le tome premier des mém. de l'acad. des sciences, sur l'année 1677.*

phère qui font immédiatement au-
deſſous de la nuée. On ſent ſa preſſion, on juge de ſon mouvement
lorſque le tonnerre y gronde, ou
que la foudre éclate par le mouvement qu'elle communique à la
maſſe de l'air, qui agit à ſon tour
ſur les corps placés à la ſurface de
la terre, leur donne une commotion ſenſible & proportionnée à
celle que la nuée éprouve en même
tems. Ainſi le même milieu qui
ſert à la propagation du ſon, ſert
à celle du mouvement accidentel
occaſionné par le tonnerre : on ne
ſera point étonné de la propagation
de ce mouvement près de la terre,
dans un milieu auſſi groſſier que
l'air qui la couvre immédiatement,
ſi l'on admet l'action d'une matière
ignée ou ſubtile, plus abondante
dans certaines circonſtances que
dans d'autres.

Les expériences de l'électricité,
à préſent ſi familières, ne nous
laiſſent aucun doute ſur la rapidité
avec laquelle un fluide très-actif

porte fes effets à travers les fubftances les plus compactes & les plus
dures. La vîteffe & l'étendue des
écoulemens électriques , ne nous
font point encore connues, on fait
feulement qu'une corde de deux
cens toifes , & que l'on peut fup-
pofer beaucoup plus longue étant
tendue , à peine l'on préfente le
tube électrique à une de fes extrémités , que des feuilles de métal font attirées par une boule fuf-
pendue à l'extrémité oppofée. D'autres expériences journalières nous
démontrent d'une manière encore
plus fenfible la vîteffe avec laquelle
le mouvement de la lumière fe
répand par la matière éthérée. On
allume une chandelle, & dans l'inftant même tous les points d'une
fphère contenant deux cens millions de toifes quarrées , peuvent
être affectés par l'agitation de cette
lumière tremblante. Les ondulations excitées par le frémiffement
des parties infenfibles d'une cloche , rempliffent en peu de minu-

tes un espace double de celui dont
je viens de parler. On ne peut pas
douter que tous ces phénomènes
ne soient produits & entretenus
par le mouvement d'une matière
très-subtile qui conserve l'impression qui lui a été communiquée par
le corps sonore ou par le corps lumineux. Que l'on observe l'état
de l'air à quelque distance, dans
l'instant où on éteint une chandelle, il y a une différence sensible
entre le moment de la cessation de
la lumière dans l'air, & celui où
elle finit dans la chandelle : j'ai
souvent vu la lumière ne disparoître à l'extrémité d'une chambre
qu'après que la chandelle avoit été
éteinte à l'autre extrémité : on voit
en quelque façon fuir la lumière
avant qu'elle ne s'évanouisse entiérement.

On a calculé la vélocité avec laquelle le son se porte de son origine jusqu'au dernier terme où il
peut se faire entendre : on en a fait
la comparaison avec la promptitude

F iv

avec laquelle la lumière se répand dans l'atmosphère. Quant à la lumière on ne connoît point de distance entre l'instant où elle paroît & le tems qu'elle met à se répandre, c'est-à-dire que l'on n'a point d'observations exactes qui en instruisent. ( *a* ) Mais si le son & la lumière sont produits au même instant physique, comme dans le canon où la flamme & le bruit ont la même cause ; si le spectateur calcule exactement l'espace qui se trouve entre la perception de la lumière & celle du son, il pourra juger de la promptitude avec laquelle il se répand, c'est de ce

---

(*a*) M. Newton a prétendu découvrir par ses calculs que la lumière parvenoit en sept ou huit minutes du soleil jusqu'à la terre, elle parcourt dans cet intervalle, un espace d'environ trente-trois millions de lieues. Mais il n'a osé fixer le tems que met la lumière des étoiles fixes à parvenir jusqu'à nous, leur distance étant au-dessus de toute mesure & de tout calcul.

moyen que l'on se sert communément pour en mesurer le mouvement.

Quelques mathématiciens Anglois ont observé que le son par-
couroit en une seconde cent vingt-
huit toises ; mais il ne faut pas
prendre cette observation pour une
règle fixe, la vélocité de ce mouvement ne pouvant pas toujours &
par-tout être la même. La densité
& l'élasticité de l'air étant sujettes
à des variations, il s'ensuit que la
propagation du son doit se faire
en plus ou moins de tems ; l'impétuosité du vent peut l'accélérer ou
la retarder ; les expériences les plus
ordinaires nous l'apprennent. Comme elle arrête le son à très-peu de
distance, elle le peut porter bien
au-delà de ses bornes ordinaires :
ainsi il est très-croyable que pendant le fameux siége de Metz fait
par Charles-Quint, le bruit du
canon ait été entendu de quarante
lieues ; celui des écoles d'artillerie
se porte à douze lieues & au-delà,

F v

quoiqu'on n'y emploie pas des pièces auſſi groſſes que celles des ſié-
ges, & que la charge ſoit dimi-
nuée des trois quarts. On l'entend
de plus loin encore ſur mer, mieux
pendant la nuit que pendant le
jour, lorſque le ſon n'eſt point con-
trarié par le mouvement & le bruit
confus des occupations du jour.

Le bruit du tonnerre ne ſe porte
jamais à une auſſi grande diſtance,
au moins ſon action n'y eſt plus
ſenſible; mais comme il eſt très-
varié, ſoit dans ſa force, ſoit dans
ſa durée, que ſes ſons différens dépendent de la lenteur ou de la
célérité des vibrations qu'il imprime à l'air, on peut le comparer aux effets de l'écho qui, dans
bien des circonſtances, paroiſſent
être les mêmes. Mille cauſes locales contribuent à redoubler le bruit
du tonnerre : il eſt plus fort dans
les pays de montagnes & de bois
que dans les plaines; les conſtruc-
tions de certains édifices le redou-
blent ; la nuit il ſe fait plus en-

tendre que le jour, c'est qu'il rencontre nécessairement des obstacles qui le réfléchissent. L'air agité en tout sens & d'un même mouvement, répand le même bruit par différens côtés ; tous ces sons redoublés produisent un bruit général d'autant plus effrayant, que toute la nature tremble d'horreur & d'effroi ; c'est un accident purement local ; il en est alors du son comme d'une lumière réfléchie par différentes glaces qui se répondent, & dont les rayons venant à se croiser, changent en un éclat éblouissant une lumière qui dans son origine étoit douce & supportable.

Ne peut-il pas se faire encore que plusieurs parties de la terre & de la nuée rendent en même tems le bruit du tonnerre & forment comme autant d'échos qui se répondent ? On en connoît qui rendent les sons d'une manière aussi distincte, que la voix elle-même où l'instrument d'où ils partent. L'un des plus fameux est celui de

Woodſtock dans le comté d'Ox-
ford, qui répète diſtinctement dix-
ſept ſyllabes pendant le jour &
vingt pendant la nuit. S'il ſe forme
accidentellement de tels échos,
lorſque la nuée eſt chargée d'une
grande quantité de matière fulminante, qui eſt dans une détonation
continuelle, on doit concevoir quel
bruit il doit en réſulter.

Mais celui du tonnerre n'eſt pas
toujours égal; quelquefois c'eſt un
roulement ſimple, ſi foible qu'on
l'entend à peine; quelquefois c'eſt
un ſon pénétrant & aigu; quelquefois c'eſt un bruit retentiſſant &
majeſtueux, aſſez fort pour donner
une commotion ſenſible aux corps
les plus ſolides. Cette différence
des tons répond à la diſtance où
ſe trouve celui dont l'organe en
eſt frappé; plus il eſt éloigné du
point d'où ils partent, moins l'effet de vibration eſt ſenſible, ſans
que pour cela le ſon perde rien de
ſa qualité d'origine. De plus l'effort de la matière enflammée étant

tantôt plus actif, tantôt plus foible, les vibrations y répondent,
& ont à proportion de la lenteur
ou de la célérité.

Il faut encore considérer la diftance où sont les nuées de la terre
& l'état de l'air ; plus il est humide, plus le bruit du tonnerre doit
être retentissant & sourd : s'il est
sec & léger, il est plus pénétrant
& plus aigu ; si la surface inférieure du nuage est concave, elle
empêche le son de se dissiper, elle
le conserve & le réunit pour le
porter entièrement sur les corps au-
dessus desquels elle gravite. Quand
les nuées sont basses, le bruit du
tonnerre peut être plus fort & durer moins long-tems : il n'y a alors
plus d'échos, plus de sons redoublés, les corps placés à la surface
de la terre ont réfléchi le son avant
que l'impression de celui que l'on
a d'abord entendu soit passée, ces
deux sons n'en ont fait qu'un par
rapport à nous. Quand on est dans
le nuage même, il n'y a point d'é-

cho, il n'y a point de bruit de tonnerre proprement dit, pour ceux qui y font enveloppés, parce que, relativement à eux, les furfaces fe touchent immédiatement, ne peuvent pas rendre les fons & la réflexion du bruit qui fe fait dans l'air eft arrêtée par la furface inférieure du nuage. Toutes ces obfervations réunies, & que l'on a de fréquentes occafions de renouveller, font très-propres à donner une idée des caufes du bruit du tonnerre & des différentes modifications dont il eft fufceptible ; il ne peut qu'être très-utile de s'en occuper dans le tems des orages, pour anéantir en quelque forte la terreur que ce bruit eft capable d'infpirer.

## §. VIII.

*Eclairs. Ce que les anciens & les modernes en ont pensé. Leurs vraies causes. Différences que l'on y observe.*

Les observations, les expériences, les faits que nous avons déja rassemblés, ne nous permettent pas de douter que les exhalaisons ne puissent s'enflammer, si-les matières nitreuses, sulphureuses, acides, bitumineuses, métalliques, & les alcalis volatils de différentes qualités qui s'élèvent de la terre dans l'air, se rapprochent & se mêlent ensemble. Ce mélange, ainsi que nous l'apprennent les procédés de la chymie, doit nécessairement exciter une effervescence qui, après un certain tems, & quelquefois même assez promptement, produit l'incendie & l'explosion de ces matières hors des nuages où elles se trouvent concentrées, sur-tout si

la matière sulphureuse domine, &
peut agir librement sur les autres
exhalaisons.

Telle est la première idée que
nous pouvons nous faire des causes
de l'éclair & de la foudre. Les anciens ont eu à-peu-près les mêmes
vûes ; les uns ont regardé l'éclair
comme une exhalaison enflammée,
teinte de couleur de feu, à cause
de la véhémente collision de l'air
ou du vent avec le nuage. Aristote
pensoit que cette exhalaison, qui
forme l'éclair, étant environnée de
tous côtés par la matière de la nuée,
en est enflammée par antipéristase,
c'est-à-dire par l'opposition du froid
au chaud. On voit déja que cette
explication proposée sous des ter-
mes plus intelligibles & ramenée
à sa juste valeur, se rapproche beaucoup de celles qu'ont adopté les
physiciens de notre tems. Démo-
crite, Epicure, Lucrèce & tous les
philosophes de cette secte ont en-
visagé ce météore & la manière
dont il pouvoit se former sous dif-

férentes faces ; & la seule explication que l'on puisse admettre après
eux , c'est de supposer assez de solidité aux nuages , pour qu'en vertu
de leur configuration , & ensuite
d'un frottement ou d'une collision
violente , le phlogistique qu'ils renferment puisse en être tiré & enflammé par la violence du mouvement , de même que l'on tire du
feu de deux cailloux en les frappant l'un contre l'autre , ou contre
un corps dur tel que le fer. Car la
chûte de leurs atômes enflammés
par la séparation ou la rupture des
nuages faites par le vent ; la réunion de ces mêmes atômes & leur
expression occasionnée par le choc
des nuages entr'eux ou par l'action
des vents contraires ; l'interception
de la lumière qui se répand des
astres sur les nuages & qui en tombe
ensuite en vertu d'une forte compression ou de l'action du vent ,
font autant d'hypothèses qui expliquent la nature de l'éclair , mais
d'une manière si singulière , si en-

veloppée par les chimères du fyftême des atômes & par les rêveries
de la vieille phyfique qui admettoit une communication de la matière lumineufe & ignée des aftres
avec les nuages, que l'on perdroit
fon tems ou à les expofer dans un
plus grand jour ou à les réfuter.

Les anciens penfoient donc comme les modernes, que la matière
des éclairs, ainfi que de la foudre,
eft compofée des différentes exhalaifons fèches & inflammables,
dont l'air eft rempli. Les uns & les
autres ont reconnu que ces fubftances peuvent s'enflammer par diverfes caufes qui communiquent
un mouvement plus accéléré aux
molécules rapprochées du phlogiftique, les mettent en effervefcence
& les embrafent. Comme le foleil
eft le principe le plus fenfible de
chaleur que l'on ait connu dans
tous les tems, on croyoit que les
rayons pouvoient, par leurs vibrations & la communication de la
matière lumineufe & ignée dont

ils font formés, allumer les exhalaifons. On attribuoit la même
vertu à quelques autres aftres principaux, fans doute pour expliquer
plus aifément la caufe des éclairs
qui brillent encore plus pendant
la nuit que le jour. On ne connoiffoit pas encore affez l'action de ce
fluide fubtil, de ce phlogiftique
univerfel répandu dans toute la matière, pour lui donner le premier
rang dans la formation des phénomènes ignées. D'ailleurs comme il
n'a été rendu fenfible que par les
nouvelles expériences de l'électricité, un philofophe qui en auroit
foupçonné l'exiftence & l'action,
& qui n'auroit pu la démontrer que
par fes effets fans la rendre fenfible, la mettre en quelque manière
fous les yeux, ne l'auroit pas emporté fur les vieilles erreurs qui
obfcurciffoient fi fort la vérité.

Cependant on a reconnu très-
anciennement que les vapeurs humides dont les exhalaifons inflammables font environnées, pouvoient

avoir le même effet que les rayons du soleil, ou les effluences ignées des autres astres; mais par un méchanisme tout contraire, lorsque leur humidité détermine les exhalaisons salines & nitreuses à s'unir aux exhalaisons sulfureuses, dont la combinaison les porte à s'embraser & à se dissiper ensuite. Car, disent-ils, le tonnerre & la foudre, dont les éclairs font les avant-coureurs, se forment rarement sans nuages. On voit cependant quelquefois le ciel le plus serein briller d'une multitude d'éclairs qui se succèdent continuellement pendant un long espace de tems, & ce phénomène n'est pas rare pendant les plus belles nuits de l'été, lorsque l'air est sec & chaud. Les anciens étoient persuadés que ces éclairs sortoient de quelques nuages cachés sous l'horison, que l'on ne pouvoit appercevoir à cause de leur éloignement, qui empêchoit de même que l'on n'entendît le bruit du tonnerre que ces éclairs annonçoient.

A présent on ne doute plus que ce ne soient des exhalaisons bitumineuses, ou d'autres matières inflammables qui, élevées à la moyenne région de l'air, s'y allument par la chaleur qu'elles y trouvent établie, ou qui condensées par la fraîcheur & l'humidité des vapeurs qu'elles y rencontrent, s'enflamment par l'action rapprochée du phlogistique qu'elles renferment. Comme elles s'élèvent successivement & par couches, elles s'embrasent à mesure qu'elles arrivent à une certaine hauteur de l'atmosphère, d'où un mouvement subit d'expansion les porte dans toute l'étendue de l'horison visible. Tous les feux que l'on voit en l'air pendant l'été n'ont pas une autre cause.

La chymie même parvient à les imiter jusqu'à un certain point. Une égale quantité de soufre, de nitre, de camphre & de nafte pilés ensemble, mêlés ensuite dans l'esprit de vin & mis sur le feu dans une cucurbite : l'humide de l'esprit de vin chargé de différentes exhalaisons inflammables venant à s'évaporer, se répand au loin. Si la chaleur de l'air est égale & que l'on prenne une chandelle allumée, ou un tison ardent, & qu'on l'agite de façon à mettre le feu à cette vapeur insensible, on verra tout d'un coup un éclair d'autant plus brillant que la chambre sera plus obscure. Si l'air extérieur plus froid a rapproché par bandes ou par masses inégales ces différentes exhalaisons combinées : la chandelle ou le tison venant à passer par ce milieu, & à mettre le feu à ces vapeurs conglomérées inégalement, on verra des traits de feu, des étoiles tombantes, des chevrettes, & la représentation de mille autres petits météores de ce genre (*a*). Tant que l'évaporation qui se fait de la cucurbite échauffée subsiste, ce phé-

---

(*a*) *Kirkeri Magnes*, *lib.* 3. *part.* 2. *pag.* 549. *colon. Agrip.* 1643. *in*-4°.

nomène artificiel peut se renouveller, avec moins de promptitude
cependant que celui qui s'opère
naturellement dans l'air, parce que
la matière est moins abondante, &
que l'art dans ses opérations, reste
toujours fort au-dessous de la nature.

On conçoit encore que ces mêmes exhalaisons interceptées &
comprimées par deux nuages, peuvent s'enflammer de même, par le
seul mouvement qu'elles éprouvent
en se resserrant les unes contre les
autres. Alors elles agissent vivement sur elles-mêmes, puisque c'est
de leur activité naturelle qu'elles
tirent la force qui les embrase,
lorsqu'elles cherchent à se dilater
& à vaincre la résistance que la
vapeur fraîche & humide des nuages leur oppose. Ces exhalaisons
enflammées s'échappent par le côté
du nuage où elles trouvent le moins
d'obstacle, & suivant la détermination qu'elles donnent à l'air dans
le moment de leur éruption, elles

se répandent avec la flamme, dont elles sont le principe & l'aliment.

L'éclair n'est donc que l'effet d'un amas d'exhalaisons inflammables qui doit son existence & son embrasement au mouvement d'impulsion & de répulsion de deux matières de qualités opposées, dont l'une froide & humide agit sur celle qui est inflammable, & que celle-ci contraint à son tour de lui céder dans les momens où elle s'échappe. Comme elle est plus légère, qu'elle a moins de consistance, elle cède au moins pour l'instant au poids des vapeurs humides, mais son activité lui rend bientôt sa force, & elle reparoît de nouveau sous la même forme. Telles sont la matière & la cause occasionnelle des éclairs & de la plupart des autres feux aériens. On ne doutera pas que l'humidité & le froid n'aient la propriété de réunir & de ralumer assez promptement les matières inflammables, si on fait attention à l'expérience si commune

d'une

d'une torche que l'on vient d'éteindre, qui fume encore, & que l'on rallume aisément en l'agitant avec force & d'un mouvement égal dans un air plus froid que celui qui formoit d'abord son atmosphère.

De tous les feux aëriens il n'y en a point de plus subit & de si peu de durée que l'éclair, parce que l'exhalaison qui en est la matière est si légère, a si peu de solidité, qu'elle s'éteint aussi promptement qu'elle s'allume aisément. Mais ces dispositions à l'effervescence, à l'incendie, à la fulmination, peuvent être arrêtées & mises en action de différentes manières. Elles n'ont aucun effet quand les exhalaisons sont dispersées dans une quantité surabondante de vapeurs; au contraire elles l'ont plein & entier, quand séparées des molécules aqueuses avec lesquelles elles se sont élevées, elles se réunissent à leurs parties homogènes. C'est ce qui arrive dans la région supérieure de l'air, lorsque le froid qui y

*Tome VIII.*         G

domine congèle les vapeurs. Nous voyons ſous nos yeux une opéra-tion qui reſſemble beaucoup à celle que nous ſuppoſons ſe faire au haut de l'atmoſphère, lorſque l'air & le fluide ignée ſe ſéparent de l'eau à meſure qu'elle ſe forme en glace, nous avons expliqué ce phénomène plus haut ( *tom. 3. diſc. 4. §. 4.* ) & nous avons vu comment l'air dans cette ſéparation, entraîné par le fluide ignée, reprend toute ſon élaſticité naturelle. Qui empêche que les exhalaiſons qui ont tant d'affinité avec les autres ſubſtances dont la maſſe de l'atmoſphère eſt compoſée, ne ſe modifient de mê-me, & qu'après avoir été retenues dans une ſorte d'inaction tant qu'elles étoient unies aux vapeurs aqueuſes, elles ne reprennent tout leur reſſort, & ne deviennent fort expanſibles dès qu'elles en ſont ſé-parées. Dans ce cas elles doivent ſe rapprocher & s'unir entr'elles de différentes manières, & l'air chaud qui réſoud les nuées, peut les porter au point de la fermentation, de l'incendie, de l'explosion, relativement à leur nature, & à leur modification actuelle. C'est ainsi que les exhalaisons qui se sont élevées en l'air mêlées avec les vapeurs, peuvent retourner à leur premier état, & recouvrer leurs forces naturelles, de sorte que se rassemblant entre les nuées, comme nous l'avons dit, toute cette matière devient inflammable.

Cependant ce n'est pas de cette manière seule que l'on doit concevoir que se réunisse cette grande quantité d'exhalaisons dont l'incendie produit les éclairs & la foudre. Car plusieurs de ces exhalaisons ne s'associent pas aisément avec l'eau, il est nécessaire qu'elles s'élèvent en grande partie sans se mélanger ; & comme elles sont d'une pesanteur inégale, elles forment des petits nuages séparés, mêlés de peu de vapeurs. Nous avons déja rapporté quelques observations au sujet des exhalaisons

nitreuſes qui s'amaſſent quelquefois au-deſſous des nuées les plus
épaiſſes, & dans leſquelles il ſemble que l'on vóie la grêle ſe former.
Ce phénomène nous donne lieu de
conjecturer que ces amas d'exhalaiſons pures, & les nuages qui en
ſont compoſés doivent s'arrêter au-
deſſous des nuées les plus hautes,
qui ſont formées des vapeurs les
plus atténuées, & au-deſſus des
nuées les plus baſſes, où l'eau eſt
preſque rendue à ſa première forme, & toute prête à retomber en
gouttes ſenſibles. Ces exhalaiſons
ſéparées des vapeurs aqueuſes, peuvent de même ſe raſſembler entre
les nuées à différentes hauteurs: le
mouvement qui les a confondues
les unes parmi les autres peut les
ſéparer, & réunir celles qui ſont
homogènes. On ſait que le mouvement droit, chaſſe aux côtés les
corps qui cèdent le moins à ſon impulſion, le mouvement circulaire
les porte au centre, celui de tourbillon les confond enſemble : mais

comme les diverses parties de la matière, quelque atténuées qu'on les suppose, retournent enfin à leur élément; il est tout simple de concevoir pourquoi après une certaine quantité de mouvement, les parties sulfureuses se rapprochent enfin les unes des autres, puisque toute autre matière divisée suit la même impulsion.

Mais parce que dans le concours supposé des nuées, ou dans la chûte des unes sur les autres, il est nécessaire qu'à raison de l'inégalité de leur superficie, & de l'étendue des cavités qui se trouvent entr'elles, l'air en mouvement se porte de différens côtés & même excite des tourbillons, il s'ensuit que dans ces révolutions, les exhalaisons qui sont d'une nature différente de l'air & des vapeurs aqueuses, sont portées au centre ou aux extrémités de l'espace où elles circulent, à raison de la résistance plus ou moins grande qu'elles font au mouvement qui les emporte, & qu'elles trou-

vent plus ou moins de facilité à se
réunir; ce qui produit des phénomènes variés quant à leurs effets &
à leur manière de se montrer; ou
qui se reſſemblent, & se réitèrent
à mesure que leurs causes se réta-
bliſſent dans leur premier état.

Les exhalaiſons & les vapeurs ſup-
poſées dans ce mouvement d'ondu-
lation circulaire, ou direct, comme
que l'on conçoive l'agitation dont
elles ſont mues, il faut qu'elles ſe
heurtent les unes contre les autres,
qu'elles ſoient reſpectivement dans
un mouvement de vibration ou de
tourbillon, qu'elles s'échauffent en
conſéquence & ſe raréfient davantage. Il faut encore que les parois
intérieurs des nuées ſe réſolvent
petit à petit en vapeurs qui s'atténuent & s'étendent, & que l'eſpèce
de vuide qui ſe trouve entre deux
nuées réunies, devienne comme un
éolipile, duquel les vapeurs échauffées cherchent à s'échapper, en faiſant éruption par le côté qui leur
préſente le moins de réſiſtance. Il

eſt donc ſenſible que les vapeurs &
les exhalaiſons ainſi raréfiées doivent s'écouler par la partie de la
nuée la plus foible, après l'avoir
briſée. Leur tendance à l'éruption
n'eſt jamais plus forte que lorſqu'elles ſont embraſées, ce qui
arrive à la ſuite de tous les mouvemens ſuppoſés de ces ſubſtances mélangées, dont les unes ſont propres
à la fermentation, les autres à l'incendie & à la fulmination, & toutes ſuſceptibles de la plus grande
expanſion. L'air comprimé par la
réunion des nuées s'échappe avec
la flamme & en augmente le volume apparent; ces flammes légères
ſortent d'un ou de pluſieurs côtés
en même-tems, & quelquefois les
nuées éclairées de toutes parts de la
lumière des éclairs paroiſſent tout
en feu.

La vivacité de l'éclair répond
donc à la denſité de ſa matière, à
ſon mouvement & à ſa force fulminante : ainſi parmi les éclairs,
les uns ne ſont viſibles qu'à raiſon

de la lumière qu'ils répandent sur
l'horison, ils sont foibles parce
qu'ils s'allument & se déploient
dans un air libre, ou que produits
par une matière peu abondante &
extrêmement raréfiée, ils trouvent
dans les nuages d'où ils sortent de
très-larges issues dans lesquelles le
mouvement d'impulsion qui les
porte au - dehors se ralentit ; ils
sont de couleur différente relativement à la disposition de l'air qui
réfracte différemment leurs rayons
lumineux. D'autres éclairs portent
au loin la flamme & la chaleur, ils
fatiguent l'organe de la vue, & établissent dans l'atmosphère inférieure, un mouvement sensible, in-
commode, capable d'effets nuisibles, auxquels il peut être dangereux de s'exposer.

Quelquefois les éclairs se succèdent rapidement, quelquefois ils
ne brillent qu'après des intervalles
marqués : dans le tems des orages
ils annoncent le bruit du tonnerre
ou l'éruption de la foudre qui les

fuit de près. Cette inégalité de bruit & de lumière vient de ce que les exhalaisons ne s'enflamment & ne fulminent qu'inégalement : la lueur interrompue des éclairs en est la preuve, elle est la suite de divers embrasemens momentanés, qui se renouvellent tant que la matière inflammable & le mouvement de fermentation suffisent à leur reproduction.

## §. IX.

*Foudre. Différens systémes sur les causes de sa génération comparés. Ses mouvemens irréguliers.*

Si la matière inflammable & enflammée, à raison de sa quantité, de la rapidité de l'embrasement, de la véhémence de sa fulmination, de la qualité des substances qui entrent dans sa composition, s'étend plus loin dans un état sensible de condensation, vient frapper la terre, ou même se consume dans

la région inférieure de l'atmofphère
avant que d'arriver jufqu'à terre,
elle a le nom de foudre. On conçoit que pour que cette colonne
enflammée fe porte au loin, il faut
que fa matière foit abondante, &
que fon premier mouvement d'impulfion foit très-vif. Dans un fi long
efpace, fouvent à travers un air
épais & humide, la flamme ne fe
conferveroit pas, fi fa matière n'é-
toit prolongée jufqu'au terme où
elle aboutit : car le plus petit obftacle, le retardement le plus léger,
feroit diffoudre & évanouir une
matière qui d'elle-même doit fe
diffiper fi aifément. Or pour que
l'impulfion foit auffi forte, il faut
que l'embrafement foit prompt, la
fulmination vive, & la matière
fuffifante pour l'entretien du phénomène.

Ces confidérations réunies ont
perfuadé que les tempêtes effrayantes par le bruit horrible du tonnerre, la vivacité des éclairs redoublés, & la fréquence des foudres,

n'étoient produites que par la chûte
d'une nuée fur une autre nuée,
autrement une quantité affez abondante d'exhalaifons ne pourroit
pas fe réunir & s'enflammer affez
promptement pour produire d'auffi
terribles effets. C'eft ce que les apparences femblent indiquer.

Cependant une nuée qui a quelque étendue peut fuffire feule à la
formation des mêmes phénomènes.
Les exhalaifons inflammables étant
très-pénétrantes & fort actives de
leur nature, elles s'infinuent dans
la maffe des vapeurs qui forment
une nuée, & après différentes révolutions, elles y produifent les météores ignées les plus éclatans, que
l'on prétend ne devoir attendre
que de la réunion de plufieurs
nuées. L'obfervation eft d'accord
avec cette explication, & femble
autant que la première, être dans
l'ordre de la nature dont elle fim-
plifie l'opération ; elle tend à donner une idée moins effrayante de
fes phénomènes en apparence les

G vj

plus formidables. Ne voit-on pas tous les jours les vapeurs & les exhalaisons, s'élever, se former en nuages & produire très-promptement l'éclair, le tonnerre & la foudre, sans que l'on puisse supposer l'action d'aucun nuage supérieur, attendu le peu d'étendue, la légèreté, & quelquefois la transparence de celui qui remplit l'air de l'éclat des feux & des sons qui en sortent.

Il est certain que pendant les ardeurs de l'été, il s'élève de la terre une grande quantité d'exhalaisons, mais qui se joignent ordinairement aux vapeurs aqueuses, & entrent avec elles dans la composition des nuages : cependant il ne faut pas en inférer que ces exhalaisons rassemblées dans le milieu d'une nuée, doivent d'abord s'embraser & produire le tonnerre, les éclairs & la foudre. Il est plus naturel de penser que confondues & comme noyées dans l'humide qui domine, elles n'ont ni disposition à s'enflammer, ni force pour s'éten-

dre ou se rapprocher : elles nagent
séparées les unes des autres, dans
une espèce d'océan ; elles ne peuvent guère que par succession de
tems, & une suite d'opérations
d'autres agens, se séparer des vapeurs, & revenir à leurs dispositions & à leurs forces naturelles. Il
faut un vent chaud, dont l'action
n'est pas si prompte qu'on l'imagine,
pour dissoudre les nuées & les résoudre dans leurs premiers élémens. La
fonte d'une nuée commence alors
par ses parties extérieures, ce qui
s'en sépare d'exhalaisons se répand
aussi-tôt dans l'air, & ne se réunit
pas dans une masse qui puisse entrer en effervescence, s'embraser &
fulminer. Les expériences compa-
rées nous apprennent encore que
si l'expansion d'une quantité de
matière inflammable, dans quelque cavité de la nuée, ne fait pas
éruption par une ouverture étroite,
le jet de la flamme ne peut avoir
de force, ni s'étendre au loin.
Une même quantité d'eau bouil-

lante, verſée dans un plat fort éva-
ſé, s'évapore ſans produire de mouvement ſenſible dans l'air : miſe
dans un éolipile, elle y excite tout
d'un coup un mouvement très-im-
pétueux. Si quelquefois les choſes
ſe paſſent autrement, c'eſt qu'il faut
admettre dans l'air des courants
d'exhalaiſons qui ſe tiennent unis,
ſerrés & impénétrables aux vapeurs
aqueuſes, nous en rapporterons
dans la ſuite quelques preuves.

Quoiqu'on ait été long-tems perſuadé, & que quelques phyſiciens
penſent encore que les grands tonnerres n'arrivent point qu'une nuée
ſupérieure ne s'abaiſſe ſur une inférieure, on ne doit pas en conclure
qu'il tonne, qu'il éclaire & qu'il
foudroie autant de fois que ſe fait
cette conjonction de deux nuées :
le mouvement en peut être ſi lent
que l'air renfermé entre les deux
ait le tems de s'écouler doucement
& ſans éruption, & quand même
la chûte de la nuée ſupérieure ſeroit
fort précipitée, l'abaiſſement de

l'inférieure peut se faire avec une
égale vîtesse, & alors la distance
de l'une à l'autre ne diminuant que
proportionnellement à la facilité ou
aux obstacles qu'elles trouvent à se
rapprocher, l'air & les matières inflammables qui se trouvent entre
les deux doivent s'échapper sans
causer de bruit plus sensible, que le
vent qui doit résulter de l'approche de deux corps aussi étendus.

Ce qui avoit persuadé Descartes
que la jonction de deux nuées produisoit d'ordinaire le bruit du tonnerre, c'est que traversant les Alpes
au mois de mai, il avoit vu des
masses de neige se détacher des
sommets de ces montagnes, tomber sur d'autres masses situées plus
bas, & exciter dans le moment de
leur jonction un bruit retentissant
dans les vallées, qui avoit assez de
rapport avec celui du tonnerre *(a)*.
Nous avons vu plus haut qu'il ne

---

*(a) Disc. des météores, ch. 7. art. 5.*

considéroit les nuées que comme
des amas d'une neige fort rare, ou
de petits glaçons très-légers. Cette
manière simple de rendre raison de
la production d'un météore si étonnant, a paru si bonne que l'on n'a
cherché qu'à lui donner plus d'é-
tendue, & à la rendre plus sensible.
Outre ce que nous en avons déja
dit, on a encore ajouté dans la suite
des tems, & toujours en vue de
rendre plus lumineuse la première
explication donnée par Descartes;
que pour que le bruit du tonnerre,
l'éclair & la fulmination résultas-
sent de la jonction de deux nuées,
il falloit que l'une tombât sur l'autre en même tems, dans toute son
étendue, avec un choc dont l'action
fût par-tout égale : ce n'est que de
cette manière que l'on a conçu que
la foudre pouvoit se former, & l'exhalaison être poussée jusqu'à terre.
Car quand un corps large & flexi-
ble tombe d'un lieu élevé sur un
corps de même largeur, mais qui
peut lui opposer de la résistance,

alors les extrémités du corps le plus
élevé toucheront en tombant les
extrémités du corps inférieur,
avant que les deux milieux puis-
fent fe joindre; le courant d'air ou
d'autres matières qui s'échappoient
entre deux, ne trouvant plus d'iffue, ne fait d'abord aucun effort
fur les côtés, il fe porte tout au
milieu, & fait par conféquent gonfler celui des deux corps qui eft le
plus fouple ou le plus léger. Pour
fentir la vérité de cette hypothèfe,
on n'a qu'à regarder deux voiles
bien étendues tomber de quelque
hauteur fur une furface également
plane & pofée horifontalement.

Mais il eft très-difficile qu'il fe
trouve deux nuages d'une étendue
parfaitement égale, & peut-être
plus encore que celui qui vient d'en
haut fe place fur celui qui eft plus
bas, d'un mouvement égal & proportionné à toute fa furface: rarement y en a-t-il de configurés de
cette manière. Quand on les a vu
de près, on eft perfuadé qu'il ne

s'en trouve presque point dont l'extérieur de quelque côté qu'on le regarde ne soit plein d'inégalités. Mais comme la matière en est extrêmement souple & portée à prendre toutes sortes de formes, les nuages se joignent lentement & arrivent enfin à ne former ensemble qu'une seule masse. C'est après cette réunion, d'autant moins solide qu'elle est plus nouvelle, que l'air intercepté entre deux se trouvant condensé se replie sur lui-même, & acquiert de la force à mesure que la compression augmente : sa chaleur s'accroît par son mouvement, & agissant sur tous les côtés du nuage qui le renferme, il facilite le développement des exhalaisons qui étoient embarrassées dans les vapeurs humides. Elles se rapprochent, fermentent, & dès qu'elles sont arrivées au moment de s'embraser, alors elles secondent vivement les efforts de l'air, & se font une issue par le côté de la nuée le plus foible. Il peut arriver encore qu'après cette réunion, lorsque ces matières en fermentation agissent avec le plus de violence, le nuage trouve de la résistance dans une montagne ou dans un autre corps élevé qui se rencontre dans sa direction : alors cet obstacle secondant les efforts que l'air fait à l'intérieur de ce même côté, occasionne infailliblement la rupture du nuage, & l'éruption de l'air ou de la foudre par ce même côté si les exhalaisons sont en quantité suffisante. C'est pourquoi la plupart des corps frappés de la foudre, le sont par le travers. Si la foudre tombe perpendiculairement, c'est que dans ce cas elle a percé la nuée inférieure par le milieu à l'endroit même où la plus grande partie des exhalaisons s'étoit rassemblée. La plupart de ces foudres paroissent se relever & rejaillir en tournoyant, parce qu'elles rencontrent de toutes parts des corps qui les environnent, & qui sont autant d'obstacles à la célérité qu'à la direction perpendicu-

laire de leur mouvement fuppofé
de bas en haut. Les principaux de
ces obftacles font la pefanteur &
l'humidité de l'air ambiant, déja
fortement comprimé par le nuage
qui fouvent eft fort abaiffé, & qui
ne préfente que plus de réfiftance
au mouvement de la foudre. Elle
ne peut la vaincre que par fa propre
activité, & en cherchant à divifer
l'air par les côtés où il oppofe le
moins de réfiftance, ce qui eft caufe
de ce tournoyement par lequel la
matière fulminante, embrafée, fuit
fon mouvement naturel de bas en
haut, fuivant la loi de tous les corps
enflammés.

Le fentiment que nous venons
de développer fur les caufes de la
formation de la foudre & de fon
éruption n'eft pas celui des Epicu-
riens modernes, de Gaffendi, Ber-
nier & de ceux qui fe font attachés à
leur doctrine : ils ont pris un parti,
moyen qui paroît fe rapprocher davantage des explications que l'on
en a données depuis que la force &

l'action du fluide électrique font
connues : mais on ne peut pas dire
que leur fentiment anéantiffe celui
de Defcartes & de fes partifans, il
paroît fait pour les concilier tous,
même les anciens avec les modernes. Ils difent que l'exhalaifon fulminante, qu'ils penfent être compofée de nitres, de fels & de foufres raffemblés, s'allume dans la
nuée, ou par la force des rayons
du foleil qui agitent violemment
fes particules intégrantes, ou par
les vapeurs humides dont elle eft
enveloppée, & qui ayant mis les
fels en folution, les déterminent à
fe heurter avec le phlogiftique fulphureux & à s'enflammer par la
violence du mouvement ; ou par
une forte compreffion du nuage
occafionnée par l'impétuofité des
vents contraires. Cette exhalaifon
ainfi agitée dans le fein du nuage
& enfuite enflammée, le crève &
porte tout fon effort fur l'air voifin,
fur-tout fi fa matière eft abondante
& compacte.

Ils ajoutent encore que les exhalaisons fulminantes prennent indifféremment toutes fortes de directions : elles s'abaissent où elles s'élèvent fuivant qu'elles trouvent plus ou moins de réfiftance dans la partie du nuage fur laquelle elles font effort & qu'elles brifent tantôt d'un côté, tantôt de l'autre. Cette explication eft d'autant plus jufte qu'elle ne peut être que la fuite d'obfervations faites avec foin & en différens climats.

Néanmoins les foudres qui frappent de haut en bas n'ont que rarement un mouvement droit & perpendiculaire, il eft plus ordinairement irrégulier ou diagonal, parce que fe portant des nuages dans un air chargé de vapeurs ou même d'autres nuages plus légers, elles font embarraffées dans leur premier mouvement de direction, de manière qu'elles ne peuvent le continuer, que par différentes déviations, qui changent la ligne à mefure que ces obftacles font plus difficiles à vaincre.

L'observation suivante que je puis assurer avoir été faite tranquillement & avec soin, servira à jetter un nouveau jour sur la théorie que nous venons d'établir. Le 22 février 1767, à deux heures quarante minutes après midi, le vent étant sud-est & alors assez violent, le tonnerre s'annonça par un bruit sourd & traînant, précédé d'éclairs d'un rouge obscur. Le bruit quelques minutes après devint plus distinct, les éclairs parurent plus vifs & plus blancs, enfin il se fit une explosion violente d'une foudre d'un feu clair & blanc, que je vis très - distinctement, le ciel étant alors obscurci par des nuages épais, & tout le fond de la perspective horisontale couvert d'une nuée fort noire. La foudre tomba obliquement en tirant du sud-est à l'ouest, sa chûte fut vive & précipitée, il me parut qu'elle avoit frappé le terrein solide, & rebondi en ligne perpendiculaire à quelques toises au-dessus du sol, où elle quitta cette direction pour en prendre une plus oblique, tirant à nord-ouest de bas en haut. On voit que dans ce phénomène la foudre suivit toujours la direction du vent, le mouvement d'ascension fut beaucoup moins vif que celui de descente qui étoit très-accéléré, & la fusée ou colonne de feu remontant fut moins considérable, quoiqu'elle conserva l'éclat & la vivacité de sa couleur ; je ne sais même si elle ne s'éteignit pas avant que de rentrer dans le nuage d'où elle étoit sortie. Peu après cette première explosion, il y en eut deux autres moins vives, parce que la matière inflammable n'étoit pas en assez grande quantité pour vaincre la résistance de l'atmosphère inférieure, alors fort condensée & chargée de vapeurs humides & d'exhalaisons nitreuses, qui contribuèrent à la formation d'une grosse grêle mollasse, qui tomba presque tout de suite. Ces foudres légères en s'échappant des nuages, suivirent un mouvement tout-

tout-à-fait horifontal, toujours de
fud-eft à nord-oueft entre le nuage,
& la région inférieure de l'atmofphère, avec un autre mouvement
de retour fur elles-mêmes du nord
au fud également horifontal, en faifant quelques efforts pour tendre
du haut en bas, ce qui étoit marqué par les courbures que la ligne
de feu prenoit de tems en tems,
mais qui fe rétabliffoit auffi-tôt
dans fa première direction. Je ne
remarquai ces courbures que dans
le retour, le mouvement du feu
étant alors moins violent, & ayant
moins de force pour réfifter à la
preffion du nuage qui le détermi-
noit à fe porter du côté de la terre,
impreffion à laquelle il auroit cédé
fans la grande denfité de l'atmofphère inférieure. Pendant que je
faifois cette obfervation je vis d'autres éclairs s'échapper plus au nord-
oueft, avec le bruit qui accompagne l'éruption de la foudre. Une
femme qui gardoit le bétail du
village de la Villeneuve, fut frap-

pée de la foudre & tuée auprès d'un buisson sous lequel elle s'étoit retirée, à trois lieues environ de l'endroit où j'étois alors : la foudre mit en même-tems le feu à une ferme de la paroisse de Bagneux-les Juifs, dans le bailliage de Chatillon-sur-Seine. Cet orage fut assez vif, quoique dans une saison peu avancée, l'hiver faisant encore sentir toute sa rigueur, la terre étant en partie couverte de neige, ce qui n'empêcha pas que la matière fulminante ne fût très-active, & sans doute fort abondante.

Il faut encore observer qu'il en est de l'explosion de la foudre comme de celle du boulet hors du canon qui reçoit sa direction de la position même du canon. Les parties solides du nuage remplacent celles du canon, elles peuvent être forcées par la matière fulminante en toutes sortes de sens. Il est vrai que la déviation de la foudre ou l'obliquité de son mouvement peuvent être occasionnées en partie

par la résistance qu'elle trouve dans
la disposition de l'atmosphère qui
en retarde le cours, en affoiblit
l'effet, & que c'est ce qui détermine les foudres tombantes à suivre
plutôt la ligne diagonale que la
perpendiculaire. Si elles suivoient
constamment cette dernière direction elles n'en seroient que plus
dangereuses, & leur action seroit
d'autant plus forte qu'elle seroit
moins interrompue & moins retar-
dée. Dans la ligne droite la première impétuosité du mouvement
d'éruption se conserve presque en
entier, sur-tout si la nuée est basse,
& si la foudre frappe à peu de distance du point d'où elle est partie.

La déviation de la foudre peut
encore avoir d'autres causes suivant
les mêmes philosophes. Comme la
matière enflammée de la foudre
agit avec impétuosité sur l'air, &
lui communique un mouvement
très-accéléré qui doit être circulaire
& de tourbillon, eu égard à la
prompte raréfaction qui s'établit

dans la colonne d'air que traverse la foudre ; cet air arrêté par les colonnes voisines, & plus dense réagit à son tour sur la matière enflammée & l'emporteroit dans son mouvement de tourbillon, si le premier principe d'impulsion ne soutenoit la foudre dans sa même direction. Mais comme la réaction de l'air n'est pas absolument sans effet, quoiqu'elle ne puisse pas changer la ligne droite en ligne circulaire, secondée par la force du vent, elle la détourne & la porte à un point éloigné de celui auquel elle devoit naturellement aboutir. On conçoit que ces opinions différentes, auxquelles on ne peut donner le nom de systêmes, naissent de la manière dont chaque observateur a vu les phénomènes, & que comme la vérification des mêmes faits ne permet pas de douter de la fidélité de leurs rapports, ils ont tous parlé conformément à certaines opérations de la nature ; on ne doit même pas révoquer en doute la vérité de leurs obſervations, parce qu'on en auroit fait d'autres qui ne s'y rapporteroient pas. Dans les phénomènes de ce genre, où il eſt ſi difficile de ſuivre la marche de la nature, il faut la conſidérer ſous toutes les faces ſous leſquelles elle peut être apperçue, on n'a pas d'autre moyen de la connoître.

## §. X.

### *La foudre conſidérée relativement à l'électricité.*

La plupart des modernes paroiſſant abandonner tout ce que les anciens, & ce que les pères de la philoſophie moderne, tels que Deſcartes, Gaſſendi, & d'autres célèbres phyſiciens ont dit de plus plauſible, ſur la formation des météores ignées, s'en tiennent aux lumières que leur fourniſſent les expériences de l'électricité, dont ils regardent les effets comme trèsanalogues à ceux de l'éclair & de la foudre.          H iij

Selon eux il est constant que la chaleur du soleil, les vents & les autres variations de l'air ne sont pas la cause première de la formation des nuages orageux. Car dans les plus beaux climats de l'Europe, ceux où le ciel est d'ordinaire le plus serein, les tonnerres & les éclairs sont aussi fréquens que dans ces régions qu'un ciel triste & nébuleux couvre de ses ombres. Dans la plus grande tranquillité de l'air on voit tout d'un coup se former des nuées d'où sortent de violens orages; le calme le plus parfait les annonce comme prochains. Les vents & les nuages ne sont donc pas comme on l'a cru jusqu'à présent la cause générale des tempêtes. A ce début on devroit s'attendre à des vues toutes nouvelles : suivons leurs explications & nous verrons qu'elles se rapprochent beaucoup de celles des autres philosophes.

Une multitude d'expériences nous apprend que dans le sein de la terre, à sa superficie, & au moins

dans la région inférieure de l'atmosphère, il se trouve une grande
quantité de matière électrique répandue & mêlée avec les autres
substances, & qu'elle doit être re-
gardée comme le principe de leur
mouvement & de leur vie. Or il
est évident que l'équilibre de cette
matière peut être troublé par plusieurs causes, soit dans le sein de
la terre, soit dans l'air, & qu'elle
est exposée à des révolutions diverses, variées à l'infini. Les nuées
composées de vapeurs aqueuses, électriques par communication, sont
quelquefois pénétrées de ce fluide
subtil de manière qu'il y est sura-
bondant. La variété du mouvement
des nuages, l'action mutuelle des
uns sur les autres, annonce la présence & la quantité extraordinaire
d'une matière plus vive, plus active, plus pénétrante. Les nuées
purement aqueuses avancent d'un
mouvement lent & tranquille, &
s'étendent dans la même proportion, celles qui renferment dans

H iv

leur ſein, la grêle, les tourbillons orageux & la foudre, paroiſſent tout d'un coup, ſe heurtent les unes contre les autres, ſont agitées d'un mouvement fréquent de répercuſſion, juſqu'à ce qu'elles s'uniſſent & forment enſemble un ſeul corps électrique.

Si nous ſuppoſons à préſent que par une cauſe quelconque, variable & incertaine, la matière électrique s'accumule d'une part, tandis qu'elle manque abſolument d'une autre; que des amas d'exhalaiſons & de vapeurs, des nuages & d'autres corps électriques par communication, ſoient répandus entre les différens amas de matière électrique & les ſéparent, nous comprendrons que la matière ſurabondante de l'électricité ſe porte avec violence d'un lieu à un autre, qu'elle pénètre les corps interpoſés, qu'elle ſe gliſſe & ſe fait jour en une infinité de manières, & qu'elle peut produire les effets les plus ſinguliers. Une expérience fort con-

nue nous démontre avec quelle
promptitude ce fluide subtil se communique d'un corps à un autre, &
à travers plusieurs corps interposés.
Que l'on pose sur une masse de
cire ou de résine plusieurs globes de
métal, de sorte que la ligne sur
laquelle ils seront placés fasse différens détours ; que dans le tems que
l'on approchera la chaîne électrisée
ou le conducteur du premier globe,
on touche de l'extrémité du doigt
le dernier globe, l'étincelle électrique se communiquera aussi-tôt
du premier au dernier globe par
tous les autres, jusqu'au doigt qui
l'en tirera. Au moyen de cette expérience & de quelques autres semblables qui dénotent toutes que la
matière électrique s'attache de préférence aux métaux, puisque c'est
de là qu'on la tire par étincelles,
ou qu'elle se manifeste dans les momens favorables à son développement ; on croit pouvoir expliquer
heureusement les difficultés que
présentent les effets les plus singu-

H v

liers de la foudre. Il ne paroît plus étonnant que son action se porte sur les corps les plus éloignés, tandis qu'elle ne touche pas ceux qui y sont le plus immédiatement exposés; qu'elle fonde la lame d'une épée sans endommager le fourreau; qu'elle frappe les yeux, les dissol-ve, les anéantisse en quelque sorte, sans blesser le reste du corps. Quan-tité de phénomènes de la foudre & de l'étincelle électrique paroiss-sent tout-à-fait semblables. L'étin-celle électrique embrase certains corps, & ne touche pas à d'autres qui paroissent aussi inflammables, elle augmente l'évaporation des corps, donne plus de force & d'â-creté aux odeurs, fond les petites parcelles d'or ou des autres métaux sans brûler le fil ou la soie auxquels elles étoient unies. De même la foudre s'attache de préférence à certaines matières, & les résout en cendres ou en fumée : elle consume & dissipe les liqueurs contenues dans des vases, en change le goût

& l'odeur, sépare le phlegme du phlogistique avec une promptitude que la chymie n'a encore pu imiter; quoique l'odeur qui se répand à la suite de l'action de la foudre, soit toujours sulfureuse, mais différemment modifiée, relativement aux matières sur lesquelles elle agit, & aux modifications actuelles de l'atmosphère. La foudre résout, dissipe, consume les métaux ou les met à un degré de fusion si parfaite, qu'elle les unit à d'autres métaux ou à des corps vitrés ou vitrifiables, sans leur causer aucune altération, elle les incorpore, ce qui fait supposer à ces corps une disposition actuelle à les recevoir & qui leur est communiquée par le fluide électrique répandu dans leur atmosphère particulière. J'ai vu le fil de fer d'une sonnette si parfaitement fondu, qu'il s'incrusta en tombant dans des tasses à café qui étoient au-dessous, sans causer aucune altération à la porcelaine avec laquelle le fer fit corps. Dans une autre circons-

H vj

tance, une étincelle fulminante se glissa entre une image brodée & le verre d'un cadre qui la couvroit, fondit l'or de quelques-uns des fils de la broderie, & l'incrusta dans le verre sans le casser : elle ne causa aucun autre dommage au cadre & à l'image que de les noircir en quelques endroits.

L'étincelle électrique tue les oiseaux, la foudre fait mourir les hommes ou les blesse grièvement, & on remarque les mêmes signes, les mêmes effets sur les hommes frappés de la foudre que sur les oiseaux touchés de l'étincelle électrique. A peine apperçoit-on un point léger sur la tête de l'oiseau délicat exposé au coup de l'étincelle électrique ; j'ai vu de même un soldat jeune & vigoureux frappé en pleine campagne & de jour par la foudre qui le tua sur le champ, sans qu'on apperçût d'autre vestige de son action qu'un point noir presque imperceptible au-dessus de l'œil gauche ; ce devoit être par-là que le phlogistique avoit pénétré, & porté le coup mortel. Sans doute que cet homme avoit éprouvé en même-tems la commotion la plus forte, comme il est probable qu'il arrive à l'oiseau au moment que l'étincelle électrique le tue ; l'un & l'autre ne peuvent y résister : c'est la conséquence que l'on doit tirer de l'explication nouvelle de la foudre, prise dans les phénomènes de l'électricité.

Cette hypothèse admise, on doit considérer la foudre comme une étincelle poussée hors d'un nuage plein de matière électrique. Si nous supposons la force de ces feux proportionnelle à leur volume, des globes de cette matière, dont le diamètre peut être de plusieurs milles toises, auront une force plus que suffisante pour lancer au loin des aigrettes ou plutôt des faisceaux ignées, qui renverseront les maisons, déracineront les plus gros arbres, & jetteront au loin des pierres très-pesantes. Nous

avons déja rapporté quelques observations ( *tom. 6. disc. 10. part. 2.*)
desquelles on peut conclurre que
l'air violemment agité par une
quantité extraordinaire de ce fluide
si actif, avoit produit seul, sans le
secours de la foudre, des effets très-
étonnans. Que l'on compare ce que
peuvent occasionner des masses
aussi énormes de ce fluide, avec
une étincelle dont le diamètre apparent est au plus d'une ligne, qui
cependant brise aisément un tube
de verre, & l'imagination d'un
philosophe concevra aisément ce
que doit produire une quantité de
ce même fluide dont on n'ose se
faire une idée.

Des angles de la chaîne électrisée
sortent des cônes brillans de lumière, d'une étendue sensible : par
la même raison une lumière semblable peut sortir des nuages &
s'étendre à plusieurs degrés, de
manière à produire des éclairs assez
lumineux pour éclairer tout l'horison visible. Outre cela la force

avec laquelle les nuages se heurtent, le bruit qui résulte de ce choc
doit surpasser énormement le petit
éclat de l'étincelle électrique, eu
égard à l'étendue des nuages qui
se choquent, & à l'élasticité des
matières dont ils sont formés.

En conséquence de cette communication de la matière électrique
entre la terre & son atmosphère,
on a imaginé un moyen de sauver
les édifices des coups de la foudre.
On a observé que la matière électrique prend sa direction & s'attache principalement sur les métaux
qui deviennent alors ses conducteurs ou ses déférens ; on en a con-
clu que l'on pouvoit par le même
moyen diriger le cours de la matière fulminante. Les toits de la
plupart des maisons étant environnés de canaux de fer pour recevoir
les eaux pluviales & les porter jusqu'à terre ; en élevant sur les toits
de ces maisons quelques pointes
métalliques qui communiquent à
ces canaux par des fils de fer

qui se répondent les unes aux autres,
on a pensé que l'on banniroit au
moins pour ces maisons le danger
de la foudre. On a jugé du cours
de la matière fulminante, comme
de celui du fluide électrique, & on a
cru que la foudre après s'être rassemblée autour des barres placées
au sommet des édifices, & avoir
glissé de conducteurs en conducteurs
jusqu'à la surface de la terre, elle
aboutiroit nécessairement à un terme
où elle épuiseroit son action. Voilà
ce que l'on avoit annoncé comme
une découverte merveilleuse, qui
sans aucun doute auroit été le chef-
d'œuvre de l'art & de l'industrie,
si les effets avoient répondu aux
promesses. Mais pour cela il auroit
falu pouvoir déterminer quelle devoit toujours être la quantité de la
matière fulminante ; si dans une
fermentation extrême, dans un
mouvement extraordinaire, on
pourroit s'en rendre maître, &
opérer aussi tranquillement au milieu des plus violents orages, qu'on

le fait lorsqu'on s'applique aux expériences de l'électricité, où on
peut augmenter ou ralentir le mouvement à son gré; faciliter le développement du fluide électrique
ou l'arrêter, rendre l'étincelle fulminante, ou ne la faire paroître
que comme un éclair léger, un feu
amusant: en un mot établir à son
choix le degré de force de la commotion. Pour peu que l'on réfléchisse sur les effets variés de la
foudre & leurs suites, on sent combien il étoit impossible d'arriver à
ce point de précision; & si jamais
espérances ont été chimériques, ce
sont celles que l'on avoit conçues
sur la manière d'assujettir la foudre
à un cours réglé.

Comme la matière électrique
n'est jamais plus abondante &
mieux développée que dans le tems
des orages, plusieurs physiciens qui
ont voulu faire leurs expériences
dans ces momens, sans avoir pris
des précautions pour se garantir du
concours de la matière extérieure,

dont il est possible que leurs procédés déterminassent le cours sur eux-
mêmes, ont couru les plus grands
risques. Quelques-uns même ont
été frappés de la foudre, soit qu'ils
l'eussent attirée sur eux, soit que
le mouvement qu'ils donnoient
alors à leur atmosphère détermi-
nât la matière fulminante à venir
tourbillonner autour d'eux, & à y
faire explosion. La plupart effrayés
des phénomènes nouveaux qu'ils
voyoient s'opérer & dont ils pouvoient être les victimes, ont regardé leurs entreprises comme té-
méraires. Ils ont craint d'avoir at-
tenté sur les droits du maître de
l'univers, en tâchant de rassurer
les hommes contre les suites formidables, & toujours imprévues,
d'une espèce de fléau, très-propre,
par l'éclat avec lequel il s'annonce,
à ramener les esprits les plus auda-
cieux, sous le joug d'une soumis-
sion légitime. Ils ont senti combien
il étoit imprudent de s'exposer au
danger le plus éminent, de l'exci-

ter même pour s'en garantir ; & ils
ont cru avec raison qu'il étoit plus
raisonnable de mettre des bornes
à leurs tentatives, en s'en tenant
aux sages précautions adoptées dans
tous les tems par les nations instruites pour se garantir de la foudre ; parmi lesquelles on n'a jamais
compté les opérations qui peuvent
déterminer sa chûte, & rassembler
sa matière dans un lieu donné. Il
n'est pas douteux que l'on ne puisse
se conduire de façon à se soustraire
à ses effets ordinaires ; nous en
avons déja dit quelque chose, &
nous en parlerons plus en détail
dans la suite de ce discours. Suivons encore pour quelques momens les comparaisons que l'on
trouve entre les expériences électriques, & les procédés de la nature dans la formation de quelques
météores qui tiennent à ceux dont
l'histoire nous occupe.

Cette force électrique joue, depuis quelque tems, un rôle distin-
gué dans la production de la plu-

part des météores. Une goutte d'eau devenue électrique par communication, attire à elle le sel broyé, devient plus solide, & se forme en masse d'une consistance différente de celle qu'elle avoit : par la même raison, si dans les nuages orageux, nous regardons les molécules aqueuses dont ils sont composés comme fortement électrisées, elles attireront à elles une grande quantité des sels & des nitres répandus dans l'atmosphère, d'où se forment immédiatement la grêle & la neige. Si une goutte d'eau pendante à l'extrémité d'une verge de fer électrisée, n'est éloignée que d'un pouce environ d'un vase plein d'eau qui est au-dessous d'elle, on la voit s'allonger insensiblement, & l'étincelle électrique en sortir avec bruit. On trouve dans cette petite expérience une image raccourcie, mais ressemblante, des trombes de mer, des tiphons & des autres phénomènes de ce genre, dont nous avons expliqué la formation & développé les causes ( *tom.* 6. *disc.* 10. *part.* 2. ). Nous ne discuterons pas ici la validité de ces comparaisons, qui ont déterminé à proposer une méthode exclusive pour expliquer des phénomènes dont les causes combinées sont très-difficiles à assigner avec quelque précision. Nous ne nierons pas encore que la matière électrique contribue à la formation de tous les météores : mais comme elle n'est autre chose que le fluide subtil ou la matière éthérée, que nous avons reconnue pour la cause du mouvement général établi dans la nature; il peut arriver que sa surabondance dans quelques parties de la terre ou de l'atmosphère, y excite des mouvemens tumultueux & passagers, ou que son action générale contrariée par les suites d'une évaporation locale & arrêtée pendant quelques instans, se développe ensuite avec des efforts plus marqués. Mais ces effets particuliers n'excluent pas de la formation des météores la plupart des moyens connus & adoptés dans tous les tems, qui agiſſent quelquefois tous enſemble, quelquefois ſéparément, ſans que pour cela la matière électrique ou le fluide ſubtil perdent jamais leurs droits, & ceſſent un moment de ſe combiner avec les autres cauſes que nous avons déterminées.

Faiſant donc abſtraction de tout intérêt de ſyſtême, ne ſuivant que ce que les loix de la nature nous indiquent de plus précis, il paroît qu'il eſt naturel de penſer que la chûte d'une nuée ſur une autre peut produire le tonnerre, l'éclair, & même la foudre en certaines circonſtances, qui cependant ne ſont pas abſolument néceſſaires pour la génération de ces phénomènes. Une nuée ſeule peut raſſembler les matières propres à les former, & à leur donner les apparences & les effets les plus extraordinaires & les plus formidables. Il faut même que cela arrive dans les ſaiſons & les contrées où les tonnerres ſont les plus fréquens, dans le cours de l'été; s'il eſt chaud & ſec il fort de la terre des exhalaisons sulfureuses & salines différemment modifiées : il s'en élève des particules des minéraux qui ont à un haut degré la vertu fulminante : elles se mêlent avec les vapeurs & restent confondues avec elles dans la matière condensée en nuages. Il ne faut qu'ouvrir les yeux pour voir des traînées de ces matières répandues dans l'air s'embraser & fulminer. Les exhalaisons qui sortent des ouvertures des mines de charbon de terre, celles qui se rencontrent dans le puits de ces mines, ou dans le voisinage en plein air, deviennent d'elles-mêmes fulminantes : elles peuvent être amenées à ce point, ou par une chaleur extraordinaire excitée tout-à-coup par un vent chaud, ou par une cause soudaine de congélation. L'une ou l'autre de ces modifications rendent à l'air sa vertu élastique qui étoit arrêtée, & les particules métalliques mêlées d'alcalis volatils ne tardent pas à se porter à la fulmination si d'autres matières se joignent à elles & se mettent en fermentation. Il est aisé de concevoir que la matière électrique, le fluide ignée subtil, le phlogistique universel sont la cause la plus active de tous ces mouvemens : mais de quelque manière que se fassent ces fulminations ou ces embrasemens, il n'est pas douteux que les courans de matières semblables peu éloignés se modifient de même, que l'incendie s'étend au loin, & que son effet est relatif à la quantité de matières inflammables sur lesquelles il se porte.

On peut se faire une idée de la manière dont ces feux aëriens se répandent par ce qui se passe dans la région supérieure de l'atmosphère, lorsque l'on voit alternativement paroître ou disparoître ces grands traits de feu de différentes couleurs qui s'allument dans l'air & forment ces aurores boréales indécises & mobiles, qui s'étendent rendent fur une grande partie de l'horifon. J'en ai obfervé une au mois de feptembre 1769, dont la lumière changeoit rapidement de place, & fe renouvelloit enfuite aux mêmes endroits d'où elle avoit difparu quelque tems auparavant. Cette lumière paroiffoit entretenue par les courans de matière fulfureufe & nitreufe qu'un vent de nord affez fec amenoit par intervalles dans l'air, & qui s'enflammoient dès qu'ils étoient parvenus à une hauteur déterminée. Quant aux exhalaifons purement minérales, il ne paroît pas qu'elles foient fufceptibles d'une fi grande expanfion, ni qu'elles fe portent auffi loin que les exhalaifons fulfureufes, mais mêlées avec un phlogiftique actif & une certaine quantité de vapeurs, elles doivent exciter les phénomènes les plus étonnans dans les régions de l'air voifines des ouvertures par lefquelles elles fortent de terre. On en peut juger par les orages défaftreux & les tonnerres horribles qui précèdent ou suivent les tremblemens de terre, parce que d'ordinaire ils donnent lieu à de grandes éruptions d'exhalaisons métalliques concentrées dans le sein de la terre, où elles étoient retenues dans l'inaction; mais qui, une fois répandues dans un air libre, produisent les effets les plus étonnans & les plus dangereux; elles sont même capables d'occasionner de fortes intempéries, ainsi que nous l'avons remarqué dans la théorie générale de l'air.

## §. XI.

### *Premières considérations sur les effets de la foudre, & sur les matières différentes qui entrent dans sa composition.*

En portant nos observations plus loin, en examinant les effets de la foudre, nous pourrons remonter à ses véritables causes, & répandre

par ce moyen plus de lumière fur
la théorie que nous travaillons à
établir. On parle de cès effets prefque toujours avec tant d'étonnement, que l'on s'arrête d'ordinaire
à ce premier fentiment, fans ofer
porter fes regards plus haut. Avec
de pareilles difpofitions il eft difficile de faire des obfervations
exactes. Voyons cependant, fi en
comparant celles qui ont été faites
en divers tems & en divers lieux,
par des philofophes fur lefquels les
craintes qui fubjuguent le vulgaire
ne devoient pas avoir affez d'empire pour les empêcher de fuivre
la nature dans la production de fes
phénomènes; voyons fi nous ne
pouvons rien établir de plus certain
que ce que l'on a dit jufqu'à préfent. Nous comparerons encore l'art
avec la nature; nos obfervations
particulières ferviront peut-être
auffi à dévoiler la vérité que nous
cherchons, qui eft enveloppée dans
les nuées les plus épaiffes, & ne
peut fe montrer qu'à la lumière

I ij

éblouiffante des éclairs & de la foudre.

La foudre renverfe les arbres les plus forts, elle les tord , les fend, les rompt , quelquefois elle enlève de haut en bas des pièces taillées en bandes & d'une épaiffeur égale. On l'a vu réduire les plus gros arbres , fuivant la direction des fibres , en morceaux de différentes groffeurs , & quelquefois fi égaux entr'eux , qu'ils fembloient avoir été coupés exprès par un ouvrier intelligent. Elle ébranle les édifices les plus folides , en détache de groffes pierres , divife les murs & les renverfe ; elle diffout & met en maffe les pièces de monnoie qui fe trouvent dans une bourfe ; elle fond la lame d'une épée fans que la bourfe ou le fourreau en foient altérés. Lucrèce nous dit que la foudre diffipa dans un moment le vin d'un tonneau fans en endommager le bois ; & Sénèque, que le bois peut être brûlé & mis en cendre fans que le vin fe répande. On voit qu'elle enlève les particules d'or & d'argent qui se trouvent dans un ouvrage brodé, sans toucher à la soie & au fil dont le reste de l'ouvrage est tissu ; quelquefois elle fond le fer sans brûler le bois sec qui y touche, quelquefois aussi elle allume de préférence les matières inflammables sans attaquer celles qui le sont moins.

Le récit de ces phénomènes variés paroîtroit fabuleux s'ils n'étoient si souvent répétés, que l'on ne peut révoquer en doute leur existence. Mais leurs causes seroient de la plus grande difficulté à expliquer, si les mélanges de l'art ne produisoient pas des merveilles, dont les causes ressemblent si fort à celles que nous avons assignées à la foudre, que l'on peut légitimement supposer qu'elles sont les mêmes.

L'effet de la poudre dans les mines & dans les canons renverse & brise les corps les plus solides, comme la foudre ; sa détonation, son éclat font égaux à ceux du tonnerre & de l'éclair, souvent ils les fur-paffent.

Le phofphore de Leibnitz allu-me la poudre & brûle le papier; celui de Kunkel eft bien plus éton-nant, il ne s'attache point aux corps que les autres feux embrafent d'ordinaire, & il brûle ceux fur lefquels ils n'ont point de prife: les matières qui éteignent les au-tres phofphores allument celui-ci, & celles qui les allument l'étei-gnent. Si on l'approche de l'efprit de vin, il l'enflamme; fi on l'y jette, il n'y met pas le feu: fa flamme eft plus ardente que celle du bois, plus fubtile que celle de l'efprit de vin; elle s'élève avec tant de rapidité, qu'elle ne fait que traverfer les corps durs & ra-res fans les altérer, quelque inflam-mables qu'ils foient; un morceau de ce phofphore brifé à côté d'un bâton de foufre ne l'allume point, mais il y met le feu s'il eft réduit en poudre. Sa flamme paffe à tra-

vers une carte neuve, ferme &
unie, & une toile neuve; si la carte
est froissée, si la toile est vieille
& lanugineuse, elle les brûle,
parce que les pores en sont moins
directs & plus difficiles à pénétrer.
Ce que ce phosphore a de plus
singulier encore, c'est que l'esprit
de vin détruit sa vertu, & que
l'eau ordinaire la conserve.

Combien la chymie ne connoît-
elle pas de liqueurs dont le mélange cause des effervescences, d'où
suivent des explosions violentes &
quelquefois des incendies?

Les poudres fulminantes exposées à une chaleur médiocre se dilatent avec bruit, & ébranlent les
corps les plus solides qui s'oppo-
sent à leur expansion. La chymie
n'a rien de plus étonnant que la
fulmination de l'or; son explosion
est l'une des plus violentes que l'on
connoisse : une chaleur médiocre
suffit pour la mettre en action; une
petite flamme bleue précède la détonation & l'explosion. Un frotte-

ment médiocre produit le même effet que la chaleur : un jeune chymiste fermant avec soin un petit flacon de cryſtal où il avoit mis un gros d'or fulminant, le ſerra un peu fort en tournant ; ce frottement ſuffit pour donner lieu à la fulmination de l'or dont l'exploſion fut aſſez forte pour jetter le jeune homme à quelques pas de-là & lui crever les yeux ſans aucune reſſource ( *a* ).

D'autres expériences nous apprennent que de l'or réduit en chaux avec de l'eau forte, du ſel ammoniac & de l'huile de tartre précipité, à l'approche d'un feu modéré, s'enflamme avec une détonation étonnante. Une petite quantité de cette chaux d'or ſurpaſſe par ſon bruit & ſes effets tout ce que

------

( *a* ) Ce malheur arriva à **M. Facio**, qui depuis a inventé cette poudre artificielle de limonade dont on ſe ſert avec avantage dans les voyages de mer de long cours.

la poudre à canon peut produire
de plus fort ; mais avec cette différence, que l'effort de la poudre à
canon se porte de tous les côtés ;
au lieu que celui de la poudre fulminante semble n'agir que de haut
en bas. Un peu de cette poudre
placée sur une lame de cuivre &
mise en détonation par les procédés ordinaires, perce la lame &
agit de haut en bas. Cette même
poudre mise en petit volume dans
un souterrein étroit & fermé, s'allume à l'approche du feu, éclate
avec un retentissement & des effets qui se rapprochent de beaucoup de ceux de la foudre, & perce
le pavé de quelque matiere qu'il
soit, à une profondeur marquée.
(*Kirkeri Magnes*, *lib. 3*, *part. 2*,
*pag. 548.*)

Cette détonation & cette force
singuliere d'explosion, ne peuvent
arriver que par l'inflammation du
soufre nitreux que l'on soupçonne
être mêlé avec l'or & qui occasionne
la détonation du nitre. Si ce soufre

I v

agit affez précipitamment fur les métaux pour les percer tout de fuite, c'eft qu'il y en a quelques-uns auxquels il s'attache de préférence. J'en ai eu la preuve dans des foufres de différentes qualités que j'avois ramaffés dans les foufrières de Pouzzols, & celles qui font fur le bord du lac d'Anagno, qui à la longue rongèrent les papiers différens dans lefquels je les avois enveloppés, & s'attachèrent à des morceaux de lave polie du Véfuve qu'ils percèrent affez profondément & à la fuite d'une fermentation fourde dont il étoit aifé de reconnoître les veftiges ; ils eurent le même effet fur quelques cuivres qu'ils déformèrent.

Que l'on ne perde pas de vûe ces opérations fingulières & furprenantes de l'art ; qu'on les compare avec celles de la nature, lorfqu'elle développe fes forces avec cette énergie majeftueufe, dont elle feule eft capable ; & l'étonnement ceffera fur les effets de la foudre, quels qu'ils puiffent être, dès que l'on démontrera qu'ils ont les mêmes caufes, que différentes circonftances modifient de manière à les rendre plus ou moins actives.

Les matières ordinaires de la foudre font les nitres, les foufres, les fels volatils, les efprits acides, les exhalaifons minérales, dont les chaleurs de l'été élèvent une grande quantité à la moyenne région de l'atmofphère, après être forties de la terre, d'où un fluide actif répandu dans toute la maffe de la matière les difperfe dans l'air ; de la même manière qu'une chaleur médiocre & continuée porte les exhalaifons & les vapeurs les plus fubtiles au chapiteau de l'alembic. Si les chymiftes en mélangeant ces mêmes matières viennent à bout d'en compofer des liqueurs, des poudres, des mixtions dont la force ne leur eft connue que par les effets ; s'ils voient en réfulter des efferveſcences, des explofions auffi dangereufes qu'elles font étonnan-

I vj

tes , on ne doit plus être furpris
de ce que certains météores ont de
frappant. Il fe rencontre dans l'air
une multitude d'exhalaifons & d'effluences de toutes fortes de corps,
dont le mélange peut former des
mixtes inconnus d'un effet prodigieux , à raifon des réunions & des
combinaifons innombrables de ces
matières différentes , qui fe peuvent faire dans l'atmofphère à diverfes hauteurs , & de toutes les
modifications nouvelles dont ces
combinaifons font fufceptibles. En-
trons dans quelques détails fur les
effets de la foudre , & voyons s'il
eft poffible de connoître par leurs
moyens les matières dont elle eft
formée en différentes circonftances, & la force qui les détermine à
agir.

Ces effets font fi variés , fi extraordinaires, fi terribles dans certaines occafions, fi légers dans d'autres , qu'il eft important d'en chercher les caufes. Tantôt le lin , la
foie, la laine font brûlés , tandis

que d'autres corps plus solides restent intacts ; tantôt les métaux mêmes sont fondus, & les substances légères & combustibles qui les enferment n'éprouvent aucune altération apparente. Quelquefois les animaux frappés de la foudre périssent sans aucune marque sensible de son action sur leurs corps ; quelquefois ils ont la peau brûlée, les membres brisés, ou ils sont couverts de plaies & de contusions. Il arrive encore qu'ils n'en sont que légèrement blessés & atteints, ils voient la foudre agir sur eux, ils la sentent, ils en portent les vestiges, qui n'ont aucune suite funeste.

Il paroit qu'on ne peut rendre raison de ces effets variés que par les différentes espèces d'exhalaisons qui entrent dans la composition de la foudre. Ainsi quand les parties sulphureuses y abondent, elle allume aisément le lin, les pailles & les autres matières combustibles de ce genre. Si les esprits acides nitreux ou vitrioliques y dominent, elle diffout quelques métaux & le fer de préférence. Quelquefois encore ces matières font tellement atténuées, que, réduites à l'état du fluide le plus fubtil, le fer ne leur fert que de conducteur, comme dans les expériences de l'électricité; on voit briller les étincelles le long des barres ou des fils de fer qui n'éprouvent aucune altération. Si dans la matière de la foudre il fe trouve du fel ammoniac ou du fel marin, elle met l'or en fufion; fi ce font des fels alcalis, le cuivre eft fondu d'autant plus promptement par l'action de la foudre, que ces parties falines très-fubtiles, par la violence de l'agitation qu'elles ont reçue au moment de leur éruption, & par l'impétuofité de la flamme qui détermine leur cours, s'infinuent dans les pores infenfibles des métaux, & en féparent les molécules intégrantes les unes des autres. Les métaux ainfi atténués fe mêlant avec

d'autres matières, font déterminés à une forte de fulmination qui
eft fuivie d'une expanfion fubite
de leurs parties portées à la plus
grande divifion ; ainfi on les trouve
incruftés fur les corps voifins, ils
les teignent de diverfes couleurs
qui répondent à leurs qualités & à
celles des matières qui les diffolvent & les rendent fulminans.

Il eft donc très-vraifemblable que
les particules de la matière de la
foudre qui diffout les métaux, &
d'autres fels qui leur font affociés
dans leur mélange avec les métaux,
font portés à la fulmination, parce
qu'il s'excite dans les métaux mêmes une prompte fermentation qui
en fépare les molécules intégrantes
& les engage dans de nouveaux
mélanges, dont les effets font quelquefois auffi bifarres qu'imprévus,
tels que de fondre la lame d'une
épée fans endommager le fourreau.
Ces opérations ne font pas toujours auffi tranquilles, parce que
d'autres combinaifons peuvent leur

donner une force fulminante, ou développer subitement celle qui leur est propre, comme on l'éprouve dans la préparation & l'explosion de quelques poudres chymiques, qui se composent principalement de matières minérales.

Ces premières réflexions mettent déja sur la voie pour juger des effets les plus singuliers de la foudre, elles portent à conjecturer qu'une grande partie des exhalaisons qui les occasionnent sortent des minéraux ; leurs suites paroissent en être la preuve convaincante. Il sort sans interruption des puits ouverts pour tirer le charbon de terre des mines d'Angleterre des exhalaisons sulphureuses : elles sont reconnoissables à leur odeur, à l'embrasement qui s'en fait presque toujours, lorsque l'on approche une lampe de l'endroit où elles sont rassemblées : mais souvent aussi cet incendie est spontanée & indépendant de l'action de tout autre feu étranger, d'où l'on conclut

qu'aux exhalaisons sulphureuses il
se mêle d'autres matières minérales qui, par leur action les unes
sur les autres, ou celle du soufre
sur les acides, sont portées à un
haut degré d'effervescence, qui les
met dans une agitation violente,
& les rend les unes pour les autres une cause d'incendie. Mais ce
qui montre encore la force des exhalaisons minérales combinées,
c'est que, dans le moment de leur
fulmination, elles détonnent avec
tant de fracas, que le bruit s'en
répand à quinze milles à la ronde,
& ne cède en rien à celui du tonnerre le plus fort ou du canon. On
a vu, dans ces éruptions inopinées, des ouvriers jettés du fond
des mines & lancés fort loin par
les puits, avec leurs membres fracassés & leurs habits en pièces ; les
machines souvent sont brisées &
dispersées de toutes parts. (*a*) Or

---

(*a*) Le journal des savans, tom. 5 & 6.

rien ne favoriſe davantage cette expanſion ſubite & la fulmination qui la ſuit, que les ſoufres nitreux, les exhalaiſons minérales alcaliques ou celles qui tiennent de leur nature ; ce qui, comme nous l'avons déja dit , eſt rendu ſenſible par quantité d'opérations. chymiques : de ſorte que la fonte des métaux par le contact de la foudre , la diſ-ſolution des autres corps durs, & la concrétion des liquides compa-rées avec les effets que peuvent produire les exhalaiſons minérales combinées , n'ont plus rien de ſur-prenant, dès que l'on en peut ren-dre raiſon par la force naturelle de ces exhalaiſons & par la connoiſ-ſance de la conſtitution actuelle des corps frappés de la foudre.

# §. XII.

## *Exemples singuliers des effets de la foudre sur les corps.*

On voit des hommes tués subitement par la foudre , sans qu'il paroisse à l'extérieur ni à l'intérieur aucune blessure sensible. Le 6 juillet 1767, un laboureur de la paroisse de saint Agoulin auprès de la ville d'Aigueperse en Bourbonnois, fut tué par le tonnerre entre cinq & six heures du soir ; on ne trouva sur son corps aucune contusion ni blessure ; & on n'auroit pû découvrir la cause de sa mort, si plusieurs particuliers, qui étoient à quelque distance , n'avoient vû tomber la foudre sur lui. On apporte pour cause de ces accidens funestes , que la matière de la foudre est alors mêlée de quantité d'exhalaisons arsénicales ou d'autres aussi nuisibles, qui, portées dans le sang par l'action de la flamme la plus subtile & dans les autres humeurs, en troublent sur le champ la masse, en arrêtent le cours, & étouffent la chaleur naturelle; d'où s'ensuit une mort subite, ou un état d'anéantissement qui y ressemble beaucoup, ainsi que nous l'expliquerons dans un moment.

Si la flamme de la foudre porte avec elle des particules d'exhalaisons plus âcres & plus solides, elle brûle la peau ou la dessèche, corrompt les chairs, y imprime des taches livides, ou les détruit : quelquefois même elle est assez pénétrante pour briser les os ou les dissoudre. On remarque encore sur quelques corps frappés de la foudre des blessures d'une qualité différente, les unes plus profondes, les autres plus légères; d'où l'on peut conclure que les exhalaisons ne sont pas toujours confondues les unes avec les autres; mais qu'elles sont emportées par le courant de la matière fulminante en masses inégales qui se dissolvent, s'enflam-

ment & fulminent à diverses dif-
tances, & causent de nouvelles effervescences plus marquées, des
fulminations locales qui augmentent par intervalles l'impétuosité
de la foudre, & la renouvellent
lorsqu'elle paroit tout-à-fait éteinte.

Cependant il est à croire que
ceux qui meurent frappés de la
foudre, périssent ordinairement de
suffocation & par la cessation subite des fonctions vitales. C'est ce
qu'on observa à Altorff en 1681 à
l'égard d'un homme foudroyé, sur
le corps duquel il ne parut après
sa mort qu'une petite ligne noire
sur le sternum, la flamme lui avoit
légèrement crêpé les cheveux des
tempes (a). Cette opinion sur la
cause de ce genre de mort, ne paroîtra pas sans fondement, si on
ajoute foi à ce que rapporte Car-

----

(a) *Observ. de J. M. Hoffman, profes-
seur en médecine en l'université d'Altorff,
dans la collect. académ. tom. 6. part.
étrangère.*

dan (*a*), de huit moiſſonneurs de l'iſle de Lemnos, qui tandis qu'ils prenoient leur repas ſous un chêne, furent tués d'un coup de tonnerre, & qu'on trouva après leur mort chacun dans l'attitude où ils étoient avant que d'être foudroyés. Il eſt très-vraiſemblable que ceux qui meurent ainſi ſans bleſſure apparente & ſans être déformés, ſont étouffés tout d'un coup par la vapeur du phlogiſtique dont ils ſont environnés, & éprouvent, au moment même où elle s'enflamme, une commotion ſi forte, qu'elle arrête tout mouvement. Ce phlogiſtique n'étant que la matière ſulphureuſe qui domine dans un air prodigieuſement raréfié ; ne peut-on pas comparer ſon effet à celui des moffettes qui ſortent des laves fraîches du Véſuve, & d'autres que l'on connoît aux environs de Baies, au royaume de Naples, qui de-

_____________

(*a*) V. *De varietate rerum, lib.* 8.

viendroient mortelles si on s'expo-
soit à leur action immédiate ; mais
qui, dans l'état ordinaire des choses, ne font que diminuer beaucoup l'élasticité de l'air de ces cantons, & rendre la respiration pénible ? Quelques - uns des ravages
occasionnés par la foudre, ne doi-
vent-ils pas être autant attribués à
la dilatation de ce phlogistique qui
se trouve rassemblé autour des corps
qu'il frappe, qu'à la force du coup
fulminant ? Si on est à portée de
son effet, ne sent-on pas une odeur
de soufre qui suffoque, qui intercepte la respiration, qui étouffe-
roit même si elle étoit plus vive
ou si on ne s'en éloignoit pas ?
D'ailleurs tous les corps frappés de
la foudre, ceux mêmes qui sont
dans leur voisinage, ont coutume
d'éprouver un tremblement sensible, une commotion qui doit être
occasionnée par l'expansion subite
& violente d'un air qui semble les
pénétrer & qui gêne tout d'un coup
la respiration. Mille observations

le prouveroient ; nous ne rapporterons qu'un fait très - récent du
mois d'août 1769. Le prince Royal
de Suède, allant dans une voiture
ouverte, de sa maison de Carlsberg
à celle d'Eckolmsund, fut surpris
d'un violent orage, accompagné
de tonnerre. Une foudre, sans
doute légère, passa entre lui & deux
de ses chambellans qui étoient sur
le devant de la voiture, & tomba
à terre à peu de distance d'eux. Le
prince ressentit une commotion très-
violente, & fut sur le point d'ê-
tre suffoqué ; mais comme les chevaux ne s'arrêtèrent point, & que
bientôt il se trouva dans un air
différemment modifié, il reprit son
état naturel, & cet accident n'eut
point de suites fâcheuses. Mais si
la foudre l'eût environné de son
atmosphère, s'il eût été dans un
air moins pur & moins vif que
celui que l'on respire presque toujours en Suède, tout mouvement
auroit pu être intercepté subitement, & le prince en être la victime

time. On en jugera par l'obſervation que je vais rapporter, dont
je garantis la vérité.

J'ai vu un homme qui, dans la
force de ſon âge, fut frappé de la
foudre : l'étincelle fulminante, ou
la colonne de matière embraſée,
fit ſon premier effort ſur l'agraffe
d'argent qui attachoit ſon col &
qu'elle fondit en partie ; elle courut enſuite le long de ſon dos, &
ſe partagea en deux branches qui
gliſsèrent le long des cuiſſes & s'arrêtèrent aux boucles de jarretières
qu'elles noircirent ; de-là elles paſ-
sèrent juſqu'aux talons & firent un
petit trou aux bas & aux chauſſons.
La foudre n'avoit certainement
point pénétré dans l'intérieur du
corps, elle n'avoit enflammé ni la
chemiſe ni les habits de cet homme ; cependant il reſta ſans connoiſſance, ſans mouvement, ſans
reſpiration, ſans pouls avec toutes
les apparences de la mort. La dame chez laquelle il étoit, à côté
de laquelle il avoit été frappé, re-

*Tome VIII.* K

venue de la première surprise, ne
pouvant se persuader qu'il fût mort,
le fit deshabiller sur le champ &
mettre dans un lit bien chaud, où
on le frotta de liqueurs spiritueuses pendant deux ou trois heures,
avant que l'on pût en espérer aucun succès. Enfin la chaleur se rétablit peu à peu dans les parties
extérieures, le mouvement & la
connoissance revinrent, & ce même homme a vécu plusieurs années après cet accident. Ainsi il
dut sa conservation à la tendresse
d'une femme courageuse, qui ne
voyant aucun signe apparent de
mort sur un homme qu'elle aimoit,
fut assez heureuse pour le rappeller à la vie, par des précautions
que tout autre auroit cru inutiles.
Il est vrai que cet accident fit sur
lui un changement total : la commotion fut si forte qu'elle causa le
plus grand dérangement dans son
organisation. Avant cet accident,
c'étoit un homme aimable, plein
de connoissances & de talens, dont

toutes les traces furent totalement anéanties pour le reste de sa vie. Si on réussissoit à lui en renouveller quelques idées, il sembloit se les rappeller comme des choses dont on a un souvenir confus & qui se sont passées depuis long-tems. A peine fut-il capable dans la suite des affaires les plus communes, son état habituel paroissoit être celui de rêverie, avec un air pensif & étonné. Il n'avoit conservé de son premier caractère que beaucoup de douceur & une habitude de politesse qui ne le quitta jamais. Je parle d'après ce que j'ai vu, & ce qui m'a été raconté par toute la famille de cet homme qui tenoit un rang honnête dans une ville de la Bresse & par d'autres personnes instruites sur le rapport desquelles on pouvoit compter assez sûrement.

La conformité que je trouve entre les plus fortes expériences de l'électricité & l'effet de la foudre que je viens de rapporter, est le

K ij

premier instant de la commotion
qui fut si violente, que l'organisation en fut absolument dérangée
& changée au point qu'elle ne se
rétablit plus dans son premier état:
mais il n'est pas moins évident que
ce fut la vapeur du phlogistique enflammé qui arrêta le cours de la respiration, coagula le sang & inter-
cepta tout d'un coup le mouvement
& les fonctions vitales.

Souvent donc c'est moins le coup
de la foudre, ou son action immédiate qui est cause de la mort
de la plûpart de ceux que l'on croit
en avoir été frappés, que la disposition où se trouve la partie de
l'atmosphère qui les environne.
Elle change tout d'un coup d'état,
cesse d'être propre à la respiration,
& dès-lors il faut que la mort,
ou tout au moins la cessation du
mouvement qui a toutes les apparences de la mort, s'ensuive. On
trouve d'excellentes réflexions à ce
sujet dans la *Statique des végétaux*,
ch. 6. " Un air renfermé dans une

» chambre , sans communication
» avec l'air extérieur , se charge
» peu à peu de vapeurs & gêne no-
» tre respiration à proportion des
» vapeurs dont il est infecté. C'est
» pour cette raison que les four-
» neaux & poëles d'Allemagne ,
» aussi bien que les tuyaux nouvelle-
» ment inventés, pour conduire de
» l'air échauffé dans les chambres ,
» sont bien moins favorables à la
» respiration que la façon ordinaire
» des cheminées où le feu ne se con-
» serve que par de nouveaux sup-
» plémens d'air frais, qui chassent
» les vapeurs nuisibles dont le pre-
» mier s'étoit chargé. C'est aussi
» pour cela que les gens qui ont
» la poitrine foible & délicate, se
» portent bien dans les campagnes
» où l'air est pur , tandis qu'ils ne
» peuvent habiter les grandes vil-
» les sans être incommodés par les
» vapeurs fuligineuses qui s'élèvent
» continuellement des feux de char-
» bon , des fumées de toute es-
» pèce , des immondices d'une

K iij

» multitude de poitrines, la plû-
» part mal saines, qui chargent
» l'air des corpuscules nuisibles dont
» elles sont infectées ; & même
» les gens les plus robustes & les
» plus vigoureux s'apperçoivent en
» changeant d'air, au sortir de ces
» grandes villes, d'une certaine
» hilarité qui ne leur vient que
» d'une respiration plus aisée, qui
» donnant un cours plus libre au
» sang, & lui communiquant un
» véhicule plus pur, cause cette
» joie que l'on ne ressent jamais
» en respirant un air humide &
» grossier : il n'est donc pas éton-
» nant que les infections pestilen-
» tielles & les maladies épidémi-
» ques se communiquent par la
» respiration, puisque l'air s'unit
» intimement au sang en perdant
» son élasticité dans les vessicules
» du poumon.

» Pour peu qu'on réfléchisse sur
» la grande quantité d'air élastique
» que détruisent ces fumées sul-
» phureuses, on verra qu'on peut

» attribuer à cette cause la mort des
» animaux frappés de la foudre sans
» aucune bleſſure viſible. Car l'é-
» laſticité de l'air qui environne
» l'animal venant à manquer tout
» d'un coup, les poumons ſont
» obligés de s'affaiſſer, ce qui ſuffit
» pour cauſer une mort ſubite. Ce-
» ci ſe trouve confirmé par les ob-
» ſervations que l'on a faites ſur
» les animaux tués de la foudre :
» les poumons ſe ſont toujours
» trouvés applatis, & les veſſicu-
» les vuides & affaiſſées : » d'où l'on
peut conclure que la foudre fait mourir pluſieurs perſonnes de la même
manière que ſi elles étoient enfermées dans la machine du vuide.
D'habiles anatomiſtes ayant ouvert
pluſieurs des hommes & des animaux tués par l'action de la foudre, ont trouvé que leurs poumons
étoient affaiſſés de même que ceux
des animaux qu'on ſoumet à l'expérience du vuide & que l'on y fait
périr.

On prétend encore que le fracas horrible du tonnerre, le grand feu dont on se trouve tout-à-coup environné au moment de la chûte de la foudre, peuvent occasionner des défaillances mortelles; on est saisi d'une frayeur portée au plus haut degré : l'idée de la destruction & de la mort se présentent subitement, sous un appareil d'autant plus effrayant, que l'on se persuade qu'elles sont inévitables. L'ame épouvantée par la violence de la sensation agit sur le corps de la manière la plus forte ; les muscles se contractent, le sang & les esprits animaux se portent des extrémités au centre où ils se rassemblent : le mouvement du cœur d'abord précipité se rallentit, & n'a plus que quelques secousses irrégulières ; enfin le mouvement cesse avec le cours du sang, ce qui est l'extrême degré de la peur, dans lequel les uns succombent & périssent faute d'être secourus : les autres en échappent, conservent long-tems & quelquefois toute leur vie;

un reſſentiment triſte & incom-
mode de l'état violent où ils ſe
ſont trouvés.

Muſſenbroek ( §. 2534 ) rapporte
que, le 10 mars 1750 , le. tonnerre tomba ſur un moulin ſitué
entre deux bourgs de Hollande ,
Oudendyck & Beɕts ; il frappa la
femme d'un meûnier qui habil-
loit alors un enfant. Cette femme ,
renverſée de ſon ſiége par le coup ,
auroit paſſé pour morte ſi on l'eût
abandonnée ; le feu prit enſuite au
moulin , on retira des flammes
cette femme que l'on croyoit morte. Revenue à elle – même après
quelque tems , elle raconta qu'elle
avoit été tellement épouvantée du
bruit que le tonnerre avoit produit , qu'elle en avoit perdu toute
connoiſſance , ſans cependant avoir
reſſenti aucune douleur ; que depuis
ce moment elle n'avoit penſé à rien ,
& que ſon état lui paroiſſoit avoir
été celui d'un profond ſommeil.

En 1717 le tonnerre tomba ſur
la tour de l'égliſe de ſaint Pierre

K v

à Hambourg. Il y avoit alors sur cette tour un jeune homme qui s'y étoit endormi ; il fut éveillé par le bruit qui l'épouvanta au point qu'il en resta comme hébété ; il perdit toute connoiffance , & ne revint à lui que fort lentement. On conçoit par ces deux exemples , comment la même fenfation portée à un dégré plus fort , peut être fuivie de la mort , furtout dans des perfonnes d'une conftitution foible & délicate , qu'une dangereufe habitude a rendües très-fenfibles à tous les objets , tous les bruits capables de les effrayer.

Willis & Lower célèbres anatomiftes Anglois , ayant ouvert un jeune homme qui avoit été frappé de la foudre , lui trouvèrent les poumons gonflés , le cœur fain , & toutes les autres parties en très-bon état , d'où ils conclurent qu'il étoit mort de peur ou par une violente commotion électrique. On fait effectivement qu'on a porté les expériences de l'électricité au

point de faire mourir subitement
des animaux foibles & délicats,
tels que des petits oiseaux, par
une seule commotion, sans que
l'on remarque à leur extérieur aucune cause qui ait pu produire un
si terrible effet. On a cru seulement
observer dans la dissection de ces
petits corps, que les vaisseaux pul-
monaires étoient lacérés, que le
sang étoit répandu dans le poumon
& le cerveau blessé. La sensation
qu'éprouvent les personnes déli-
cates par la commotion qui accompagne les expériences ordinaires de
l'électricité, & dont les plus robustes peuvent se faire une idée par
ce qu'elles en ressentent à différentes parties du corps, doivent
faire imaginer comment la foudre
chargée d'une plus grande quantité
de matière électrique très-active,
peut donner une commotion assez
forte pour jetter tout de suite le
plus grand trouble dans l'organisation des animaux, & même leur
briser les os. Mussenbroeck (*ub.*

K vj

*sup.*) rapporte que le tonnerre étant tombé fur un troupeau de moutons les tua tous. On trouva enfuite que leurs os avoient été brifés en plufieurs petites parcelles qui s'étoient difperfées dans les chairs; de façon qu'il ne fut pas poffible d'en manger. La commotion relativement à ces animaux avoit été de la plus grande force que l'on puiffe concevoir. A la fin du fiécle dernier, le procureur du féminaire de Troyes en Champagne, revenant à cheval de la campagne à la ville, fut frappé de la foudre. Un frere qui le fuivoit ne s'en étant point apperçu, crut qu'il s'étoit endormi, parce qu'il le voyoit vaciller fur fon cheval; ayant effayé de le réveiller, il le trouva mort, & on vit que tous fes os avoient été comme fondus, fans que les chairs euffent été endommagées.

Les expériences de l'électricité nous apprendront encore à rendre raifon des taches & des bleffures qui paroiffent à l'extérieur des corps frappés de la foudre. On fait que les étincelles électriques rassemblées avec art & dirigées sur les corps vivans, produisent sur la peau des petites macules rouges qui y subsistent quelque tems. On attribue ces apparences à l'épanchement du sang qui circule dans les extrémités des vaisseaux capillaires, qui doivent éprouver quelque déchirement par l'impression de l'étincelle électrique. L'effet est léger, proportionné à sa cause & d'ordinaire sans aucune suite dangereuse. Mais que la foudre qui entraîne avec elle une quantité énorme de cette même matière si active & si pénétrante, vienne à frapper quelque corps, ou même à se développer dans son voisinage, alors, ou dans l'instant même, toute son organisation est détruite & le mouvement cesse, ou il est blessé plus ou moins dangereusement suivant la quantité de la matière & son action. En 1684, le tonnerre tomba à Lyon dans le monastère des Chartreux ; il fe porta fur deux hommes affis à côté l'un de l'autre , il en tua un fur le champ , & on ne remarqua fur fon corps aucune apparence de bleffure , ni même de meurtriffure ; probablement il avoit été étouffé, s'il n'étoit pas mort de peur. L'autre , qui ne mourut que huit heures après , avoit tout le côté droit depuis la tête jufqu'aux pieds, auffi brûlé que s'il eût été pendant long-tems expofé fur un gril à la chaleur d'un feu très-ardent ; fes habits n'avoient éprouvé aucune atteinte du feu : une matière fubtile les avoit pénétrés fans les altérer , & s'étoit confumée en agiffant de la manière la plus forte fur le corps même. On juge aifément qu'un homme auffi cruellement traité, & dans une difpofition très-prochaine à la mort , fans doute encore plus effrayé que fouffrant, n'étoit pas en état de rendre raifon de la commotion douloureufe qu'il avoit éprouvée , non plus que de l'efpèce de fuffocation qui l'avoit accompagnée.

Quelquefois la foudre agit de la manière la plus violente sur les corps qu'elle frappe, on y trouve réunies toutes les causes de mort qu'elle peut donner. Les mémoires de l'académie de Pétersbourg (*tom. 6, pag. 383*) rapportent que dans la dissection du cadavre d'un homme tué d'un coup de foudre à Pétersbourg, le bas-ventre & la verge furent trouvés prodigieusement enflés. La peau du côté gauche ressembloit à du cuir brûlé; toutes les autres parties du corps avoient une couleur de pourpre, excepté le cou qui étoit rouge comme de l'écarlate, on appercevoit les marques d'une petite hémorragie à l'oreille droite. Sur le dessus de la tête se voyoit une large blessure comme si le péricrâne avoit été déchiré, & le crâne n'avoit point souffert. Le cerveau néanmoins étoit rempli de sang très-fluide, & l'étui des vertèbres d'une grande abondance de sérosités : les poumons étoient noirâtres & tombés, le cœur privé de sang de même que les vaisseaux qui l'entourent. La vessicule du fiel & la vessie urinaire étoient affaissées & entiérement vuides, tandis que les uretères se trouvoient extrêmement distendus par la quantité d'urine qu'ils contenoient. Un aussi prodigieux désordre dans toute l'économie animale, est une terrible preuve de la promptitude de l'action de la foudre : il semble que l'on y remarque les effets du feu le plus vif, d'une très-grande quantité de matière électrique rassemblée, de la suffocation : toutes les causes de dissolution & de mort agissoient en même tems.

Ce n'est donc que par l'observation des différens effets de la foudre que l'on peut juger des causes de la mort qu'elle donne. La raréfaction extrême de l'air extérieur en est une, mais la dilatation subite de l'air intérieur peut en être une autre aussi réelle & aussi prompte ; & dans ce cas la foudre n'est que la caufe occafionnelle de la mort, qui fe trouve bien plutôt dans l'action fubite & violente de l'air intérieur des corps qui ne peuvent y réfifter. Ainfi lorfque l'on dit que le tonnerre caffe des vitres & que l'on en voit tomber les verres au-dehors, n'eft-il pas vraifemblable que l'élafticité de l'air étant détruite au-dehors, l'air intérieur qui n'eft plus contenu par une force égale agit violemment par fon reffort, & brife les corps auffi peu capables que le verre, d'oppofer une réfiftance conftante à fon action ? de même fi le tonnerre fait tourner le vin & les liqueurs qui ont fermenté, n'eft-il pas probable que c'eft en détruifant l'élafticité de l'air qui eft contenu dans ces liqueurs ? On fait même par expérience qu'il n'eft pas néceffaire que l'acide fulphureux foit mêlé immédiatement dans ces liqueurs, il fuffit d'environner les vaiffeaux qui les contiennent de vapeurs fulphureufes qui y pénètrent par les pores du bois. On peut juger, par ces expériences, des effets de la foudre sur les corps, elle y peut causer une dissolution semblable & plus forte encore, parce que le tissu de la peau présente moins de résistance au fluide subtil, qu'une substance aussi épaisse & aussi dure que le bois d'un tonneau.

Ce qui arrive à l'explosion des mines où trouvent presqu'infailliblement la mort ceux qui y sont exposés de plus près, est un autre moyen de juger de l'action de la foudre dans les endroits où elle finit. Dans ces instans l'air se raréfie beaucoup, & les poumons doivent se dilater en même proportion : ce n'est cependant pas ce qui cause la mort, c'est plutôt parce que ce même air se trouve dans le moment chargé d'une grande quantité de vapeurs fuligineuses qui lui font perdre un partie de son élasticité. C'est par la même cause que les vapeurs souterraines suffoquent les animaux & éteignent la flamme des chandelles : mille obfervations prouvent cette théorie, mais aucun n'a encore donné le moyen de fe fouftraire aux effets qui en font à craindre.

Ce que l'on en peut conclure de plus certain, c'eft que ceux qui meurent frappés du tonnerre fans aucune marque de bleffure, font étouffés par la vapeur du foufre allumé qui eft le poifon le plus prompt pour tous les animaux ; ou bien lorfque la foudre éclate, & qu'elle chaffe l'air de l'endroit où elle agit en lui faifant perdre en même tems fon élafticité, les animaux qui fe trouvent alors comme dans un vuide parfait meurent de la même manière que ceux que l'on enferme dans le récipient de la machine pneumatique. Souvent même cette mort n'eft qu'apparente, elle ne fe change en réalité que par l'abandon où on laiffe les individus que l'on croit morts. Nous avons rapporté des exemples qui prouvent qu'avec des foins on pourroit rétablir le mouvement & leur rendre la vie. N'en est-il pas de la plûpart de ceux que, dans ces circonstances, on croit ne pouvoir rappeller à la vie, comme du chien qui sert aux expériences que l'on fait dans la grotte d'Anagno? On le voit expirer étouffé dans un air auquel des vapeurs vitrioliques ou arsénicales ont ôté tout le ressort. Ce chien ne conserve plus aucune apparence de mouvement, & si on l'abandonnoit il périroit infailliblement; mais on sait qu'il suffit de le jetter à quelques pas de-là sur l'herbe au bord du lac. La secousse qu'on lui donne, l'impression d'un air plus frais & plus sain, le rétablissent bientôt; on le voit respirer avec une satisfaction marquée, reprendre ses forces insensiblement, & enfin courir & venir caresser ceux qu'il apperçoit, comme s'ils avoient contribué à le tirer de l'état violent où il étoit quelques minutes auparavant.

# §. XIII.

## *Suite des observations sur les effets de la foudre.*

Nous l'avons déja dit ; les effets de la foudre font multipliés à l'infini & prefque toujours étonnans, parce qu'on n'en connoit pas les caufes, ou qu'on ne s'eft pas appliqué à les découvrir. On ne confidère que leurs fuites dont la plûpart font fi funeftes, qu'elles effrayent la curiofité la plus entreprenante, & l'arrêtent dans fes recherches. Si nous pouffons les nôtres plus loin, c'eft toujours relativement aux principes que nous avons établis, & pour jetter plus de lumière fur le fujet que nous traitons, très-difficile à faifir, & dont il eft cependant utile d'être inftruit.

La foudre agit fur les corps qu'elle frappe, ou par la feule force du courant des matières enflammées, tel qu'un fleuve qui dans son cours entraîne ou renverse les corps qu'il rencontre, & sur lesquels il presse de toute la masse de ses eaux : ou bien elle agit par l'activité de chacune de ses parties considérées à part, ou même des deux manières combinées; ce qu'il est nécessaire d'examiner pour se faire une juste idée des causes de quantité d'effets, que l'on pourroit prévenir par des précautions prises de loin, & relatives aux accidens attachés à la chûte de la foudre, dont peu de corps sont exempts, sur-tout dans les régions exposées à de fréquens orages.

On peut donc regarder comme certain que jamais la colonne des matières enflammées & fulminantes n'a plus de force que lorsque depuis le moment de son éruption elle est poussée jusqu'à terre par une suite non interrompue d'exhalaisons qui la chassent, l'entretiennent, conservent son mouvement & même en augmentent la

force. La résistance & la fraîcheur
de l'air ambiant contribuent encore à rendre plus sensible son action sur les corps qu'elle frappe,
en ce qu'elles en rapprochent la
matière & la tiennent plus serrée.
Non-seulement la première impulsion de la foudre est à craindre
comme celle de tout autre corps
dense, mais elle est en quelque
façon continuée & redoublée par
l'action subséquente de toutes les
parties de la colonne enflammée
& qui forment un même courant
avec les premières qui ont frappé :
ainsi toutes les parties agissent en
même tems, les plus éloignées
comme les plus proches par le
moyen des intermédiaires. On conçoit aisément que ce choc n'a qu'un
moment, mais de la plus grande
violence, parce que ces matières
étant de la plus grande élasticité,
si elles ne pénètrent pas les corps,
elles résilient sur le champ, ou
sur elles-mêmes, ou par une autre
ligne que celle qu'elles ont par-
courues d'abord.

Si la matière eſt moins conden-
ſée, ſi l'exhalaiſon fulminante n'eſt
ſenſible que par ſa flamme, ſans
preſque avoir de poids & d'action,
alors elle a peu d'effet ; c'eſt une
foudre légère qui touche plutôt les
corps qu'elle ne les frappe : les premières particules arrivent, ſe con-
ſomment, & perdent tout mouvement à meſure qu'elles ſe diſſipent ; les autres prennent la même modification, & toute cette colonne de flammes diſparoît en un
inſtant. On pourroit la comparer à
une longue colonne de laine car-
dée qui viendroit aboutir contre
un corps ſolide auquel ſon choc
ne cauſeroit pas la moindre commotion, tandis que ſi elle eût été
ſerrée & unie en maſſe, elle auroit pû le renverſer.

Ces conſidérations nous apprennent comment la matière fulminante fortement comprimée ren-
verſe les plus grands arbres, ébranle
les murs & les détruit, ſur-tout ſi
les particules de la matière enflammée

mée par la force qui leur est propre, peuvent diviser les matières
qui unissent les pierres ou les diffoudre. Elles s'accordent à nous
prouver que les exhalaisons dont
la foudre est formée sont très-pénétrantes & très-atténuées, qu'elles
peuvent s'insinuer facilement dans
les vuides insensibles que laissent
les mortiers & les cimens appliqués avec le plus de soin. L'air &
les vapeurs y pénètrent, le vent
se fait sentir à travers : on ne doit
donc pas douter que la matière de
la foudre qui est beaucoup plus subtile & plus active ne puisse s'y
glisser, puisqu'elle s'insinue dans
les intervalles insensibles que laissent entr'eux les pores des corps
les plus compactes. Considérons ici
la manière dont sont construits les
murs en apparence les plus solides
& les plus épais, & nous verrons
que souvent au centre de leur épaisseur, les pierres sont rangées avec
peu de soin; que les mortiers épais
que l'on y jette ne peuvent rem-

plir tous les vuides qu'elles laiſſent entr'elles ; qu'à la longue il
peut s'y amaſſer des particules nitreuſes, ſalines & même ſulphureuſes, capables de cauſer des ex-
ploſions violentes qui renverſent
les édifices en apparence les mieux
conſtruits. Ce n'eſt pas la foudre
qui les détruit, elle n'eſt que la
cauſe occaſionnelle qui met en jeu
des matières qui ne pouvoient devenir dangereuſes que lorſqu'elles
ſeroient enflammées. Sans ſuppo-
ſer même de ces matières étrangères à la foudre, il ſuffit que
l'extrémité de la colonne fulminante aboutiſſe pendant quelque
tems ſur un même corps, qu'elle
ſe diviſe & ſe gliſſe dans des eſpaces étroits où elle ſe condenſe,
où les nitres fulminans s'accumulent & produiſent bientôt ces ex-
ploſions dangereuſes qui ſéparent,
renverſent & jettent au loin les
corps qui font obſtacle à leur expanſion.

Il peut arriver encore que la

foudre par une suite du mouvement qu'elle reçoit à l'inftant de fon éruption, ou par les modifications différentes dont fa matière eft fufceptible, agiffe diverfement & reçoive une feconde détermination de la figure, de la qualité, de la pofition des corps qu'elle rencontre. Si elle vient à frapper un corps anguleux dont les furfaces font inclinées à divers points, elle fe divife, fe réfléchit de différens côtés & forme autant de branches féparées dont l'effet n'eft pas d'ordinaire fort dangereux & ne fe porte pas bien loin. Si la furface eft plane, la foudre fe réfléchit également, mais par un feul courant fouvent auffi dangereux que celui qui vient directement de la nuée, fi la matière eft affez abondante pour entretenir fon cours pendant quelque tems : mais fi les corps frappés font flexibles, ils ne font d'ordinaire ni brifés, ni diffous; fi leur volume eft confidérable, la matière fulminante s'y divise, s'y arrête & s'y consume sans presque avoir d'effets marqués. Au contraire, s'ils sont roides sans avoir beaucoup de solidité, la foudre les pénètre, les brise, & se porte au-delà sans avoir presque rien perdu de l'impétuosité de son mouvement.

C'est ce qui fait que son action est si variée sur les arbres qui en sont atteints. Il arrive quelquefois que lorsqu'elle touche par dehors les branches de l'arbre, elle suit un mouvement circulaire qu'elle semble imprimer à l'air, ou que les vents de tourbillon lui avoient donné d'avance, elle tourne autour & dessèche une partie des feuilles sans les détruire : semblable à l'eau d'un fleuve qui après avoir frappé une masse solide contre laquelle elle coule, semble revenir sur elle-même & l'entourer, si rien ne l'en empêche, ainsi qu'on le voit autour des piles des ponts; la matière fulminante secondée par les dispositions de l'air environne

les arbres les plus forts, les tord,
les brise, les arrache. Quelquefois
elle les sépare & les fend en deux,
ou plusieurs parties égales dans la
direction qu'elle a donnée aux fibres longitudinales en tordant l'arbre; parce qu'alors la matière s'y
insinue & reçoit une nouvelle activité des sels qui circulent avec
la sève qui nourrit l'arbre : quelquefois elle divise un arbre en
mille parties séparées toutes d'une
grosseur à peu près égale. J'ai vu
dans le chemin de Rome à Naples
sur la côte qui s'étend le long des
marais Pontins entre Piperno &
Terracine, un olivier entouré de
matière fulminante éclater par petits morceaux, avec le même bruit
à peu près qu'il auroit rendu si on
l'eût divisé avec un instrument de
fer; & je vis l'effet de la foudre
cesser dès que la matière fut totalement usée, elle agissoit sur l'arbre en même tems de tous les côtés, & elle en détruisit au moins
les deux tiers sans le renverser &

L iij

fans que fon fommet en parût altéré. C'étoit le matin en plein jour,
à la fin de février 1762, & rien
ne m'empêchoit de voir ce qui fe
paffoit : les morceaux de l'arbre en
éclatant ne fe portoient guères qu'à
trois ou quatre toifes de diftance.

Quelquefois tout l'effet de la
foudre s'arrête fur une branche
principale qui eft brifée fans que
le corps de l'arbre en foit altéré.
Quelquefois encore on en voit qui
ne font brûlés qu'en partie. Enfin
comme ces corps font plus expofés
à la vue que les autres, on y remarque tous les effets différens de
la foudre, toutes les manières dont
elle peut agir fur les corps de cette
efpèce ; ils font frappés plus fouvent que les autres, à caufe de la
réfiftance qu'ils oppofent au cours
établi dans l'air qu'ils divifent d'ordinaire, & dans lequel ils peuvent
caufer des changemens qui déterminent la chûte de la foudre, foit
par la qualité de leur atmofphère
particulière & la tranfpiration plus

forte qui peut alors être excitée en eux, soit parce qu'ils arrêtent le cours d'autres matières inflammables & analogues à celles de la foudre, dont elles augmentent l'activité dans les endroits mêmes où elles se joignent à elles.

C'est ce qui fait que dans le moment de l'orage, il est beaucoup plus prudent de s'éloigner des arbres que d'y chercher un abri qui peut devenir très-funeste. On ne songe qu'à se garantir de la pluie qui ne cause qu'une incommodité passagère, & le premier soin devroit être de ne pas s'exposer à l'action de la foudre qui menace. On feroit un volume d'observations qui prouveroient la nécessité de se conduire de la manière que nous indiquons, nous nous contenterons de rapporter les suivantes. En 1691, des ouvriers qui étoient occupés à ramasser la seconde herbe d'un pré près de Harbourg, se trouvant surpris d'un orage, six d'en-

L iv

tr'eux se réfugièrent sous un saule,
& les autres aimèrent mieux res-
ter en plein air exposés à la pluie.
Le tonnerre étant tombé sur le
saule, ceux qui s'y étoient mis à
couvert furent renversés par terre à
demi morts ; quelques - uns d'eux
eurent le dos déchiqueté & sillon-
né depuis les épaules jusqu'aux
cuisses, par des plaies qu'on auroit jugé en toute autre circonstance
avoir été faites par un instrument
tranchant & qui étoient si profondes qu'on y auroit couché le doigt.
Le tonnerre ayant fait éclater le
saule, sortit par une fente du pied
de cet arbre, pénétra dans la terre,
produisit quelques crevasses à la
superficie, & jetta ensuite à six ou
sept pas de-là les six misérables qu'il
avoit d'abord terrassés. Les autres
ouvriers les ayant rejoints comme
ils essayoient de se traîner à l'aide
de leurs mains, leur firent avaler de
l'eau froide & les portèrent en leurs
maisons : aucun d'eux n'en mou-

rut. ( *a* ) Dans cette circonstance l'action de la foudre fut égale, & les six ouvriers furent blessés de même & renversés en même tems. Mais combien ne se diversifie-t-elle pas dans des occasions à peu près semblables, tellement qu'on ne peut presque pas douter qu'il n'y ait des corps dont l'atmosphère détermine la matière fulminante à agir sur eux de préférence ? ce qu'il me semble que l'on doit attribuer à la force de la transpiration actuelle & à la qualité des matières qui s'exhalent de ces corps. On a vû sous un même noyer où plusieurs moissonneurs s'étoient retirés pendant un orage, un homme & une femme tués, trois autres blessés, & cinq qui n'eurent aucun mal, qui ne furent pas même fortement oppressés. Dans une autre occasion un homme seul fut tué &

_______________________________

(a) *Voyez la collection acad. tom.* 6. *part. étrangère.*

L v

presque réduit en poussière au mi-lieu de plusieurs autres qui étoient sous le même arbre. Il y a peu d'an-nées où dans chaque canton parti-culier on ne puisse faire des obser-vations du genre de celles que nous venons de rapporter. (*a*)

## §. XIV.

*Chûte de la foudre sur les corps élevés. Précautions à prendre pour se soustraire aux coups de la foudre.*

La foudre frappe-t-elle plus sou-vent les arbres, les tours & les au-

______

(*a*) Il y a près de quinze jours, dit M. le Comte de Bussi dans une de ses let-tres, (*tom. 1. let. du 28 août 1679.*) que le tonnerre tomba à une demi-lieue de Bussi : de six personnes qui étoient sous un noyer, il en tua trois & blessa fort les trois autres, comme vous pourriez dire, de rendre un homme digne d'entrer dans le sérail, & de brûler sa femme en pareil endroit qu'il avoit été blessé.

tres corps élevés que les lieux bas ?
c'est un ancien préjugé qui a servi
de matière à faire des comparaisons brillantes, & qui a été adopté
sans examen approfondi, quoiqu'il
y ait une raison sensible pour que
les corps élevés soient exposés à la
chûte de la foudre.

La foudre sort d'ordinaire par la
partie du nuage la plus foible, celle
qui cède le plus aisément à l'effort
des exhalaisons enflammées lorsqu'elles cherchent à faire éruption.
Si c'est par le haut que le nuage se
crève, la foudre se porte en l'air
où elle se consume après avoir couru autant que sa matière a pu l'entretenir, à moins qu'elle ne trouve
dans sa course quelque corps qui
l'arrête & sur lequel elle agisse ;
alors elle n'est pas moins dangereuse que lorsqu'elle frappe à l'ordinaire de haut en bas. Il y a dans
la Stirie une montagne fort élevée
qu'on nomme le Mont sainte Ur-
sule, du nom d'une église bâtie à
l'honneur de cette sainte sur le

sommet de la montagne : un témoin oculaire dit qu'y étant allé le
premier de mai 1700, il remarqua
lorsqu'il fut arrivé, qu'à moitié de
la hauteur de la montagne, il y
avoit des nuages très-épais & très-
noirs, tandis que sur le sommet
l'air étoit serein, & que la chaleur
des rayons du soleil s'y faisoit vivement sentir. Ces nuages produisirent peu de tems après un violent
orage, & la foudre s'étant portée
en haut, tua en présence de l'observateur que nous suivons, sept
personnes dans cette église. (*a*) On
ne peut pas dire que ce soit la position élevée de l'église qui déter-
mina la chûte de la foudre, puisque la nuée d'où elle sortit étoit
beaucoup plus basse ; & la raison
de ce phénomène est la même que
celles que nous allons rapporter re-

_______________

(*a*) Lettre de J. B. Werloschnig, mé-
decin à Riédo en Stirie. Collect. acad.
tom. 6. part. étrang.

lativement à l'action de la foudre sur les corps élevés, situés au-dessous des nuées à orage.

Lorsque la foudre en sort horisontalement ou par une ligne qui approche de cette direction, on conçoit que les corps les plus élevés & qui se trouvent dans la ligne que décrit la foudre, sont nécessairement frappés avant ceux qui sont au-dessous & dans la même ligne. Mais si la nuée s'ouvre par le milieu, s'il s'y forme plusieurs cavités dont les fonds répondent perpendiculairement à la terre, & qu'elles s'ouvrent par-là, alors la foudre tombe droit, & plus souvent encore en plaine & dans les lieux bas, que sur les montagnes ou les tours. Il ne faut pas avoir observé beaucoup d'orages pour être persuadé de la vérité de cette théorie ; car combien est petite la quantité des lieux occupés par des édifices élevés, en comparaison de ceux qui n'en ont point ? Ensuite à considérer les choses physiquement, si un corps quelconque est de vingt toises au-dessus du niveau de la campagne, & que delà au nuage il y en ait cinquante ou soixante, ces vingt toises de différence font un obstacle à l'air pour s'étendre entre la tour & la nuée. Dès-lors il est plus comprimé, il fait plus de résistance à la rupture de la nuée dans cet endroit même; ainsi les tours loin de déterminer la chûte de la foudre, devroient au contraire l'arrêter s'il n'y avoit d'autre raison que leur hauteur audessus du niveau des terres.

Cependant l'ancien préjugé subsiste, on voit des bâtimens, des châteaux situés sur des collines, des rochers qui couronnent quelques montagnes, tels que ceux de l'isle de Samos dans l'Archipel & des isles Bermudes en Amérique, plus souvent frappés de la foudre que les lieux bas : mais combien d'autres chaînes de montagnes plus élevées encore font moins exposées à ses atteintes que les plaines qui font au-dessous & les édifices qui s'y rencontrent ? Les sommets des Alpes sont moins sujets aux orages & aux tonnerres que la ville de Milan, & la plûpart de celles qui bordent ces montagnes, le long de la plaine de Lombardie. Ce que l'on peut dire, c'est que les édifices isolés & élevés sont plus remarquables, & ce qui leur arrive fait plus de sensation au moins dans une certaine étendue de pays. La plûpart sont situés à peu de distance de quelques montagnes plus hautes où les vapeurs s'accumulent, & forment des nuées épaisses où la fermentation commence. Beaucoup de ces lieux abondent encore en exhalaisons minérales qui se portent en directions différentes de la terre à l'atmosphère, où elles excitent des fermentations promptes & des fulminations qui suivent le chemin ouvert par les exhalaisons mêmes qui ne se mêlent que difficilement avec la masse des vapeurs épaisses, qui remplit alors l'atmosphère. Ces exhalaisons forment des courans distingués qui souvent sont arrêtés par les édifices, les rochers, les arbres contre lesquels la matière s'accumule, se condense & forme quelquefois des foudres locales qui partent de différens points. S'il étoit possible de faire des observations exactes dans le tems où l'orage est dans toute sa violence, on verroit ces matières différentes s'allumer à la surface de la terre, se porter souvent de bas en haut, & éclater dans les endroits mêmes où finit le courant des exhalaisons.

J'ai observé les effets de ces phénomènes en plusieurs endroits, surtout dans des pays de montagnes dont la température est plus froide que chaude, où cependant la foudre tombe souvent, & j'ai vû que les terres & les rochers sont remplis de matières minérales très-propres à faciliter la production des phénomènes qui s'y font redouter. Il y a peut-être peu d'endroits dans nos climats où la foudre tombe aussi fréquemment que sur le château de la Roche-Milet, sur les frontières de la Bourgogne & du Nivernois. Il est situé sur une colline entourée de bois, à peu de distance d'une montagne fort élevée, assez longue, presque toujours chargée de brouillards & de nuages qui en descendent pour se répandre sur les terres plus basses. Les pierres dont ce château est bâti sont remplies de particules de minéraux, on en trouve par-tout aux environs, & il paroît que l'effet de la foudre se détermine particulièrement sur les pierres où il y a le plus de minéraux. On y compte les chûtes de la foudre par ses traces qui restent marquées sur les cordons de pierre à différentes hauteurs, dont la plûpart sont percés à jour & découpés dans le goût des ornemens de l'architecture gothique. La foudre fond les parties minérales qui se trouvent dans la substance de la pierre sans la brifer; si la flamme subtile pénètre au travers d'une pierre de quelque épaisseur, elle a les mêmes effets au-dedans du château qu'au dehors. L'élévation n'est donc pour rien dans l'action & les effets de la foudre dont je rends compte, ils dépendent plutôt des causes locales que j'ai cru reconnoître : au reste on y est si bien habitué dans cet endroit, & on les regarde comme si peu dangereux, qu'ils ne causent qu'une émotion légère aux habitans. Il en est de ces foudres comme de tous les accidens prévus, ils ne font qu'une sensation médiocre.

On imagine une autre cause qui détermine la foudre sur les bâtimens & tous les corps élevés au-dessus de la surface de la terre, mais très-difficile à concevoir, & plus encore à vérifier. Si l'air est vivement chassé par le nuage qui renferme la matière fulminante, & s'il en résulte un vent qui vienne se briser contre une tour ou un rocher; la réflexion de ce vent qui remonte à sa source, & qui peut s'être échauffé dans l'atmosphère inférieure, cause la dissolution du nuage, & facilite l'éruption de la foudre, en même-tems que la séparation des vapeurs avec les exhalaisons. Alors l'air divisé par ce nouveau courant, ne présente plus autant d'obstacles à la chûte de la foudre & le corps élevé l'attire lors même qu'il sembleroit devoir la repousser.

Mais ce qu'il est plus important d'observer, c'est que relativement aux hommes & aux animaux qui sont frappés de la foudre, ils le sont plutôt lorsqu'ils marchent contre le nuage d'où elle part, & que par conséquent ils font obstacle au courant de l'air qu'ils brisent, que s'ils avancent sous la direction du nuage d'où la foudre tombe aussi souvent en ligne oblique que perpendiculaire. On peut supposer encore que leur atmosphère particulière étant d'autant plus échauffée qu'elle est la suite d'une transpiration plus forte, elle occasionne dans l'air qui les environne une raréfaction qui détermine en quelque sorte la foudre à tomber sur eux, ou au moins à les approcher de très-près. Voici ce que j'ai observé avec soin à ce sujet.

Au mois de mai 1755, étant après midi, dans la plaine qui s'étend au sud de Dijon, à une lieue environ de cette ville, je fus surpris par deux ou trois orages qui se suivirent de près, & qui paroissoient tous sortir de nuages simples & peu étendus; mais qui étoient accompagnés de grosses pluies, d'éclairs très-vifs, d'un bruit de tonnerre éclatant & même de la chûte de la foudre, que je vis plusieurs fois serpenter dans l'air & rouler à terre. J'étois en rase campagne lorsque le tonnerre se fit entendre dans un nuage peu étendu, fort noir, qui s'avançoit assez vîte derriere moi, chassé par le vent du midi. Les éclats aug-

mentèrent, la pluie devint très-
forte; je m'éloignai de quelques
grands arbres qui étoient à la
gauche du chemin, & je restai
en place, sous un parapluie de
soie, jusqu'à ce que le nuage fût
passé. Dans le même tems venoit
vis-à-vis de moi, & en opposition
directe au cours du nuage, un
homme de la campagne monté sur
un cheval attelé à un char léger &
qui alloit le grand trot. Je réflé-
chissois sur son imprudence, lorsque la foudre éclata & vint le frapper. Je le vis enlevé de dessus son
cheval & jetté par le côté, la face
contre terre : le cheval resta immobile au point que je le crus aussi
foudroyé. Cette première foudre
se dissipa ; moins d'une minute
après, il en tomba une seconde à
peu de distance de l'homme & de
son charriot dans le champ à droite, qui roula assez loin à la surface
de la terre : comme elle ne passa
pas à plus de dix toises de moi,
son diamètre me parut être d'en-

viron un pied, son mouvement étoit très-rapide, sa couleur vive & ardente. Je ne vis pas où elle s'éteignit, parce que dans le moment de cette seconde fulmination, le cheval qui n'avoit pas remué, partit au galop, & vint sur moi de façon que je fus contraint de l'arrêter. Le nuage passé où le tonnerre continua de gronder, mais sans fulmination, j'allai à l'homme, je le trouvai sans mouvement, la face contre terre : je le relevai à l'aide de quelques paysans, je lui fis avaler quelques gouttes d'eau de la Reine d'Hongrie qui le ranimèrent un peu ; mais je m'apperçus que toute la partie gauche de son corps étoit insensible & en paralysie, sans qu'il eût d'autre apparence de blessure que quelques gouttes de sang fort noir qui lui sortoient de l'oreille gauche, dont l'organe extérieur n'avoit souffert aucune altération. Il vécut quinze jours dans cet état, sans avoir recouvré la parole ni la connoissance & mourut.

L'année fuivante le 20 juillet, revenant de la campagne après le coucher du foleil avec trois ou quatre perfonnes, par un tems très-orageux, & d'autant plus dangereux qu'il y avoit deux vents oppofés du nord au fud, nous fûmes furpris par plufieurs orages; mais comme nous allions du levant au couchant, toute notre attention fe porta à régler notre marche de façon à ne pas nous trouver fous les nuages, d'où nous pouvions craindre que la foudre ne fortît dans le tems de leur paffage. Les éclairs ne difcontinuèrent point pendant plus de deux heures. Nous reftâmes affez long-tems entre deux nuages d'où nous vîmes tomber la foudre à différentes reprifes. Celui qui étoit au couchant & fous lequel nous euffions pû nous trouver, fi nous euffions abandonné nos chevaux à leur ardeur, mit le feu à une métairie à peu de diftance de Dijon; nous vîmes auffi tomber la foudre fur la ville. Il eft très-certain que

les précautions que nous prîmes en
nous rassurant contre le danger,
nous le firent éviter réellement.
Dans ces sortes d'occasions, il ne
faut pas craindre la pluie, l'essentiel est de penser à se soustraire à la
chûte de la foudre, en ne rompant
pas le cours de l'air, par une marche précipitée & imprudente. Il est
donc utile de prévoir en quelque
sorte le mouvement de la nuée
orageuse, pour ne pas se trouver
dessous : les observations que je
viens de rapporter semblent démontrer la sagesse de ces précautions ; au moins lorsqu'il n'y a point
d'agitation extraordinaire & irré-
gulière dans l'air qui contrarie &
souvent rende inutiles les moyens
que la connoissance de la marche
ordinaire de la nature semble indiquer.

Car la foudre peut encore être
détournée de son cours direct par
la résistance inégale qu'elle trouve
dans la densité variée des couches
de l'air, & par les fluctuations ac-
cidentelles

cidentelles & en sens contraire, de
la masse de l'atmosphère. Nous
avons vu plus haut (*tom. 5. disc.
10.*) qu'on peut la comparer à une
mer agitée qui donne aux corps
qui y flottent des directions répondant au mouvement de ses flots.
C'est ce qui arrive lorsque dans le
moment des orages, les vents souf-
flent par bouffées & en directions
opposées ; la colonne fulminante,
à raison des matières qu'elle entraîne, trouve aussi en elle-même
des causes de déviation. Si une
masse d'exhalaisons vient à s'enflammer, & à causer un embrasement plus considérable, une fulmination sur le côté droit de la
colonne, ce mouvement la porte
nécessairement sur la gauche ; c'est
ce qui occasionne ces zigzags que
l'on remarque quelquefois dans
la chûte de la foudre. Il peut se
faire encore que deux courans de
matières métalliques & inflammables se croisent en l'air & que la
colonne ardente qui est sortie de

la nuée vienne aboutir fur leur
point de réunion : alors la foudre
en les enflammant l'un & l'autre,
occafionne deux fulminations différentes, qui fe portent à deux
points féparés , où elles ont les
mêmes effets.

Ainfi l'inégalité du mouvement
de la foudre dans fa chûte a plufieurs caufes qui ne font fenfibles
que par leurs effets, ou par la comparaifon que l'on en peut faire avec
les opérations de la chymie, ou
quelques feux compofés d'une matière analogue à celle de la foudre,
par lefquels l'art imite quelques-
uns des effets de la nature.

Si l'embrafement des exhalaifons
dans les nuées fe fait à tems in-
terrompus, comme il femble que
l'on en ait la preuve dans les cra-
quemens diftingués qui fe font entendre, le courant des matières inflammables ne fort plus que par
éruptions inégales, & la force qui
détermine le cours de la foudre
n'eft pas la même que celle qui l'a

formée d'abord, & qui se renouvelle ensuite pour l'entretenir. La
résistance de l'air ambiant qui perd
& reprend sa force successivement,
& par une espèce de mouvement
d'oscillations, fait encore que celui
de la foudre répond à ces variations.

N'arrive-t-il pas aussi des changemens de modification dans le courant même de la flamme par l'embrasement des exhalaisons qui survien-
nent, ainsi que nous venons de le
dire, & par des fulminations particulières? Car tout le courant qui sort
au moment de l'éruption n'est pas
enflammé, il entraîne avec lui des
exhalaisons en masse, enveloppées
d'une humidité, que l'ardeur du
feu ne peut vaincre que successivement; or il ne peut survenir de
nouvelles causes d'expansion dans
la colonne de la foudre, sans que
son mouvement en soit accéléré
ou retardé. On conçoit encore
comment toutes ces différentes causes peuvent se combiner ensemble,

de manière à produire mille phénomènes variés avec la même matière enflammée.

Quelquefois la source qui part
de la nuée semble tout-d'un-coup
cesser de fournir de l'aliment à la
colonne ardente qui paroit s'éteindre. Aucune marque visible ne peut
plus faire juger de la célérité & de
la continuation de son mouvement,
& cependant la matière inflammable dirigée par un feu caché, continue son cours & pénètre les corps
les plus solides, lors même que l'on
croit n'avoir plus rien à redouter de
l'embrasement & de la fulmination. On voit soit en plein air,
soit au milieu des édifices, des globes ou des longs traits de feu isolés se mouvoir lentement d'abord,
puis courir plus vîte, & produire
après de nouveaux incendies, &
des fulminations violentes excités
par les matières qu'une foudre invisible entraînoit dans son cours,
ou par celles qu'elle rencontre &
auxquelles elle s'unit. Ainsi la ful-

mination est plus forte, ses effets
sont plus marqués, durent plus long-
temps autour de certains corps dont
l'atmosphère actuelle est disposée
de façon à attirer la matière de la
foudre ou à la réunir, tandis que
d'autres en apparence de même nature semblent la repousser plutôt
qu'ils ne l'attirent. Plusieurs des observations que nous avons rapportées, nous apprennent combien ces
dispositions sont funestes à ceux qui
se trouvent exposés à l'action de la
foudre. Quelquefois elles sont moins
dangereuses, le feu de la foudre ne
semble alors qu'allumer le phlogistique dont certains corps sont entourés pour le moment, & qui peut
être produit par une transpiration
extraordinaire, telle qu'elle est accidentellement dans la saison des
orages, & lorsque les nuages sont
perpendiculaires à ces corps. Une
dame qui habitoit en Bourgogne
un château dans une position élevée, a vu plusieurs fois la foudre
pénétrer dans son appartement, s'y

diviser en étincelles de différentes grandeurs, dont la plûpart s'attachoient à ses habits qu'elles ne brûloient point, & laissoient des taches livides sur ses bras & même sur ses cuisses : elle disoit à ce sujet que le tonnerre ne lui avoit jamais fait d'autre mal que de la fouetter deux ou trois fois, quoiqu'il tombât assez souvent sur son château. Elle étoit en quelque sorte familiarisée avec ses visites qu'elle n'aimoit cependant pas.

La nuit du 9 au 10 d'août 1769, il y eut un gros orage à Compiegne, le tonnerre fit quelques ravages en différens endroits, avec des singularités qui se rapportent beaucoup à celles dont nous venons de parler. La foudre tomba sur l'abbaye de Royal-Lieu, qui est à peu de distance de la ville. Elle pénétra dans l'appartement de l'abbesse, brûla ses pantoufles sans endommager ses pieds, & lui fit quelques contusions au bras & à la jambe. Son frère, logé dans un autre appartement, en fut touché au genou, sans que ces blessures aient été dangereuses pour l'un ni pour l'autre. Je crois que ce fut la même nuit que la foudre tomba sur l'église de Passy; elle entra par l'œil de bœuf qui est au-dessus de la porte principale, d'où elle prit sa direction du côté du maître-autel, où elle enleva toute la dorure du cadre du tableau. Il paroît qu'elle étoit divisée en deux branches dont la force étoit égale, car elles frappèrent le retable à ses deux extrémités inférieures, séparèrent les marbres, dont il est revêtu, du corps de l'autel sans les briser, & écartèrent deux des marches de quelques pouces de leur point d'appui. La foudre trouvant dans les intervalles, qui étoient entre ces pièces de marbre rapportées, un espace libre, peut-être rempli de sels & de soufres qui lui étoient analogues, causa cet écartement par une explosion qui ne dut pas être bien forte, à en juger par l'état où étoient les choses, & qui sans doute répondoit à la petite quantité de matières qui y avoient donné lieu.

Si la foudre n'avoit pas des effets plus formidables, les nuages qui la portent, le bruit qui l'annonce ne répandroient pas un effroi si général ; cependant ce font ceux qu'elle produit le plus ordinairement, souvent même ils font encore plus légers ( *a* ).

---

(*a*) Du Bartas, dans le second jour de la semaine, a exprimé poëtiquement un effet singulier du tonnerre, arrivé de son tems. . . . . .

Mes yeux jeunes ont vu mille fois une femme,
A qui du ciel tonnant, la fantastique flamme,
Pour tout mal ne fit rien, que d'un rasoir venteux,
    teux,
Dans moins d'un tourne-main tondre le poil
    honteux.

Le comte de Buffi-Rabutin difoit-il vrai, lorfqu'il répondoit à madame de Gouville, qui lui avoit écrit le 12 août 1667, que le tonnerre étoit tombé à Villeroi & qu'il avoit brûlé la main de la maréchale . . . . . » le tonnerre en veut aux

## §. XV.

*Autres phénomènes ignées que l'on confond mal-à-propos avec les foudres qui tombent des nuées.*

Tous les phénomènes que l'on annonce comme des effets du tonnerre & de la foudre sont si variés,

---

» maréchales de france, car il tomba à
» Rome dans la chambre de la feue maré-
» chale de . . . ., fort près d'elle; & lui
» fit l'office d'un barbier fort adroit, en un
» endroit que je ne veux pas vous nommer.
» ( *tom.* 3. *let.* 50. ) » J'ai vu dans ma jeu-
neſſe la veuve d'un maire de la capitale
d'une des premières provinces de France,
à qui l'on aſſuroit que le tonnerre avoit
rendu un pareil ſervice, ſans qu'elle en
eût été incommodée; car elle vécut fort
long-tems après. L'effet de ces ſortes de
foudres, ſi on peut leur donner ce nom,
eſt ſi léger qu'on ne peut le comparer qu'à
celui des feux folets, ou de ces autres petits météores ignées dont nous parlerons
dans le tome ſuivant de cette hiſtoire.

M v

que l'on ne peut pas toujours placer leurs caufes d'origine dans les nuées d'orage ; & que fouvent même il arrive des prodiges effrayans de ce genre par le tems le plus ferein, lorfque l'air paroît tranquille & que rien n'annonce les révolutions fubites & violentes qui doivent porter le feu & la deftruction fur la plûpart des corps qui s'y trouveront expofés. Combien de foudres fe forment à la furface de la terre, ou fortent de fon fein, dont le mouvement & l'effet fe portent de bas en haut ! C'eft-là qu'il en faut chercher la matière ; & diverfes obfervations nous apprennent que ces foudres, fans s'annoncer avec autant d'éclat que celles qui fortent des nuées, ne font pas moins dangereufes.

Il eft ordinaire que dans le voifinage des endroits frappés de la foudre, il fe répande une odeur de foufre affez forte pour faire fenfation pendant quelque tems, ôter à l'air fon reffort, & rendre la refpiration pénible. On reconnoît dans ces phénomènes la présence & l'action des écoulemens sulphureux & nitreux, qui, réunis à peu d'élévation du sol, retiennent encore toute l'activité de leurs qualités primitives; soit parce qu'ils ne sont pas divisés & mêlés avec des matières qui les aient altérés; soit parce que le mouvement les a rapprochés & condensés, avant que d'exciter la forte effervescence d'où s'est suivi l'embrasement. L'action violente de ces foudres sur les corps, n'a lieu que lorsqu'ils se trouvent assez près du point de la dilatation, pour qu'ils soient exposés en même-tems à l'action de l'air & à celle des parties minérales mises en mouvement par un principe intérieur de fermentation; ou bien lorsqu'ils se trouvent enveloppés par le tourbillon même du phlogistique rassemblé. On croit, & on écrit que le tonnerre tombe sur quelques édifices, qu'il les embrase & les détruit sans que sa chûte ait été précédée par la moindre ex-

M vj

plosion : on est dans l'erreur. Ce qui est arrivé au couvent des religieuses Ursulines de Mende, le 12 novembre 1769, en est la preuve.... On fut, dit-on, seulement frappé d'une vive lumière, & l'on sentit au loin une odeur de soufre : la foudre mit le feu au couvent, & malgré les secours les plus prompts, l'incendie fit des progrès si rapides, qu'en moins d'un quart-d'heure, le bâtiment, quoique très-vaste, fut entiérement réduit en cendres, ainsi que tous les meubles & effets qu'il contenoit.

Expliquons ces circonstances, & nous verrons qu'il n'y eut pas même de fulmination proprement dite dans ce terrible évènement. Il est sensible que toute cette maison étoit alors enveloppée d'une atmosphère aussi chargée de particules sulphureuses & nitreuses qu'elle pût l'être ; soit que les divers courans d'air les y eussent rassemblées ; soit que les émanations du sol sur lequel elle est situnée les y eussent ac-

cumulées tout-d'un-coup. De l'extérieur de la maison elles s'étoient
répandues dans l'intérieur : elles en-
veloppoient tous les corps qui en
étoient impregnés. Il est probable
encore que l'air ambiant qui alors
étoit très-humide, repoussoit toutes ces matières inflammables les
unes sur les autres, y causoit une
fermentation sourde qui se déter-
mina tout-d'un-coup à l'embrasement qui se fit au moment que parut l'éclair, & la flamme se développa aussi-tôt. La matière sulphureuse qui s'étoit attachée à tous les
corps fixes & inflammables, produisit un incendie général, qui, se dé-
clarant en même-tems & dans toutes les parties de la maison, avertit
à tems toutes les personnes qui
l'habitoient, de fuir & de se soustraire à la mort cruelle dont la plûpart auroient été la victime si ce
phénomène ne se fût pas manifesté
en plein jour, entre trois & quatre
heures du soir ; à en juger par la
rapidité avec laquelle les flammes

malgré les obstacles qu'on pût leur
opposer, dévorèrent ce vaste bâtiment & tout ce qu'il renfermoit.
Ce même phlogistique, resserré d'a-
bord dans un espace peu étendu, se
répandit ensuite dans toute l'atmosphère de la ville de Mende & des
environs, où il excita un violent
orage, qui fut accompagné de quelques coups de tonnerre.

Un autre phénomène, que nous
pouvons regarder comme de la même espèce que celui dont nous venons de parler, eut un effet plus
terrible encore & plus prompt aux
environs du village de Rumigni en
Picardie, le 20 d'août 1769. La
matière sulphureuse, & que l'on
peut regarder comme fulminante
au plus haut degré, fit éruption du
sein de la terre, tout-d'un-coup &
en assez grande quantité pour produire les plus violens effets. Il étoit
six heures du matin, le ciel nébuleux paroissoit disposé à l'orage :
un jeune cultivateur & sa femme
suivoient à quelque distance une

voiture qu'ils avoient fait charger
de grains & qui étoit attelée de
quatre chevaux, lorsque le charretier sans voir d'éclairs, sans entendre aucun bruit de tonnerre, se
sentit vivement oppressé & fut ren-
versé par-terre. Revenu de l'effroi
que lui avoit causé cette chûte violente, dont il ne pouvoit imaginer
la cause, il vit ses quatre chevaux
étendus à terre, morts auprès de la
voiture, & un trou fumant d'où
l'exhalaison étant sortie, alla tuer
à cent pas de-là le jeune homme
& sa femme éloignés l'un de l'autre
de vingt pas. Le courant d'exhalaisons excita un tourbillon assez violent dans cette partie de l'atmosphère, qui dispersa un monceau d'a-
voine, & fit tomber à cent pas plus
loin le père du jeune homme, de
la même manière qu'il avoit ren-
versé le charretier, mais sans les
blesser ni l'un, ni l'autre. Le vieillard un peu rassuré voulut se relever, mais il se trouva incapable
de faire usage de ses jambes : il se

traîna à l'aide de ses mains jusqu'à l'endroit où étoient son fils & sa bru, qu'il trouva morts. Les chirurgiens firent la visite des corps, & n'y apperçurent aucune blessure, non plus qu'à ceux des quatre chevaux, mais seulement un gonflement considérable, & une très grande difformité dans les traits. La femme qui étoit jeune & jolie se trouva hideuse, tout son corps, ainsi que celui de son mari, étoit absolument jaune; les quatre chevaux avoient les intestins hors du corps, tous étoient renversés du même côté : le chapeau de l'homme étoit percé, & ses cheveux brûlés, mais il n'avoit aucune contusion à la tête.

Il est évident que dans cette occasion les hommes & les chevaux périrent par une suffocation violente & très-prompte, qui fut occasionnée par une prodigieuse quantité de matière sulphureuse, qui, tout-d'un-coup, fit éruption du sein de la terre par le trou que le char-

retier vit fumant. Il semble qu'il
y eut plus d'une éruption, la première qui renversa le charretier &
étouffa les chevaux, la seconde qui
se porta du côté du jeune homme
& de sa femme, & les fit périr en
même-tems qu'elle renversa le vieillard. Il paroît encore que les atmosphères de ces corps différens atti-
rèrent à elles la matière sulphureuse
en quantités inégales. Elle fut si
forte sur les uns qu'elle les pénétra
même à l'intérieur, où elle suspen-
dit dans le moment le cours de tous
les fluides, comprima les organes
de la respiration avec tant de force
qu'ils cessèrent d'agir dans l'instant
même : l'air intérieur prodigieusement raréfié, cherchant à s'échapper de tous les côtés, produisit ces
gonflemens considérables, que l'on
remarqua sur tous ces corps, auquel dût contribuer encore l'action
extérieure de la matière sulphureuse, singuliérement marquée par la
couleur jaune dont étoient teints
les corps du jeune homme & de sa

femme qui furent étouffés. Le chapeau percé & les cheveux brûlés,
doivent être regardés comme l'effet
d'un petit incendie local, de quelqu'étincelle de matière électrique
que la première impression de l'air
développa, & qu'une portion légère de la matière sulphureuse en-
tretint assez pour brûler les cheveux, mais cet incendie fut bientôt arrêté par une plus grande af-
fluence de cette même matière.
Quant à la chûte du vieillard &
du charretier, elle doit moins être
attribuée à l'action de la matière
fulminante, qu'au tourbillon qu'elle
imprima à l'air qui les saisit & les
renversa. Il ne faut pas être étonné
que le vieillard n'ait pu se servir
tout de suite de ses jambes, l'effroi
& le tremblement qui en est la
suite, à un âge sans doute avancé,
& la commotion de la chûte suf-
fisoient pour lui avoir enlevé ses
forces.

Que l'on compare les deux observations que nous venons de rappor-

ter, on verra que la cause des accidens dont elles parlent est la même; le phlogistique condensé, sort
de terre & n'agit que sur les corps
autour desquels il se rassemble.
Dans la première, son action fut
moins terrible, quoiqu'en apparence
plus désastreuse, parce que la matière se réunit plus lentement, elle
ne se répandit pas par une éruption vive, forte & momentanée :
il semble qu'elle dut s'accumuler
par degrés, pénétrer dans toutes les
parties de la maison des religieuses, & que trouvant dans l'air extérieur une résistance marquée à s'é-
tendre au-delà, il s'établit une fermentation locale qui s'annonça par
l'éclair que l'on apperçut, & à la
suite duquel le feu s'alluma de tous
les côtés. Dans la seconde, après
le moment de la première explosion, & le ravage qu'elle causa dans
un petit espace, elle se dispersa dans
le vague de l'air, où elle dut occasionner des pluies locales, & un
changement remarquable de température.

Si on étoit à portée de connoître toutes les éruptions des matières différentes qui se font hors du sein de la terre, on ne seroit plus étonné de quantité de vicissitudes de l'air & d'épidémies locales qui en sont la suite. Nous l'avons observé plus d'une fois dans la théorie générale de l'air; la difficulté de découvrir les causes de ces épidémies, tient en suspens sur les remèdes qu'on peut opposer à leur cours, & pendant ce tems-là elles font des progrès. Ces difficultés seroient plus aisées à surmonter, si l'on étoit plus attentif à observer les phénomènes différens, qui le plus souvent donnent lieu à ces fléaux destructeurs.

Mille exemples nous persuadent que plus la matière sulphureuse est abondante lors de la chûte de la foudre, plus ses effets sont pernicieux dans l'atmosphère qu'elle infecte immédiatement, quoique l'on ne s'apperçoive pas d'abord de tout le dommage qu'ils peuvent causer. L'observation suivante en sera la preuve. La nuit du 4 au 5 septembre 1767, pendant un orage, la foudre parut prendre sa direction sur un étang de la paroisse de Châtillon, près de Parthenai en Poitou. Le fermier de cet étang, qui n'en étoit pas éloigné, s'apperçut qu'il étoit couvert, dans toute l'étendue de sa surface, d'une flamme si épaisse, qu'elle déroboit l'eau à la vue. Lorsque cette flamme fut dissipée, le fermier ne trouva aucune altération dans l'eau de son étang, elle lui parut aussi claire & aussi pure qu'à l'ordinaire ; mais le lendemain passant auprès, il apperçut tous les poissons en mouvement à fleur d'eau ; les plus gros se hâtoient de gagner les bords, & ils mouroient dans l'instant même qu'ils y étoient arrivés ; tous les autres poissons, jusqu'aux plus petits, moururent successivement, & le 15 du même mois il n'en restoit pas un seul vivant. L'infection qu'ils répandirent à un quart de lieue à la ronde, fut si forte &

fi infupportable, que l'on fut obligé de les retirer de l'eau & de les enterrer. J'ai peine à croire que la chûte de la foudre ait pu caufer un auffi grand ravage. A en juger par comparaifon avec d'autres événemens qui ont quelque rapport avec celui-ci, il eft probable que la chûte de la foudre avoit été précédée par une éruption fouterreine de matières fulphureufes & inflammables qui s'étoit faite, tant par les bords de l'étang que par fon lit. On fçait que l'eau, loin d'être un obftacle à l'éruption du phlogiftique, en facilite au contraire l'expanfion en tout fens. C'eft par le moyen de ce véhicule qu'il s'étoit raffemblé à la furface de l'eau, que peut-être il s'étoit élevé en colonne à une hauteur affez confidérable, pour fournir la matière de la foudre qui parut tomber dans l'étang, & qui forma une nappe de ce même phlogiftique étendue fur toute la furface de l'eau. L'incendie ne put pas fe communiquer dans la maffe même des eaux, mais il altéra la nature de l'air qui y circuloit, il l'échauffa, le corrompit; les poissons d'abord se retirèrent au fond de l'étang, où les mêmes dispositions se communiquèrent. Alors cherchant un air plus frais, une eau où ils pussent vivre, ils se portèrent sur les bords, où la qualité vicieuse communiquée à l'eau par l'incendie précédent n'étoit plus si active; mais n'étant plus assez vigoureux pour souffrir l'impression de l'air extérieur, ils périssoient aussi-tôt qu'ils y étoient exposés. Dans ces ouragans terribles que l'on éprouve si souvent aux Antilles, & qui sont presque toujours accompagnés de tremblemens de terre qui les dévastent; l'éruption des matières sulphureuses & inflammables est si forte dans les mers qui les environnent, que presque toujours la côte est couverte de poissons de toute espèce qui ont été suffoqués. La même chose étoit arrivée sur les côtes de Callao, dans le tems de ce terrible tremblement de terre qui submergea ce bourg en entier, & renversa la ville de Lima en 1746.

Il ne faut dont pas confondre les effets ordinaires de la foudre, avec ceux qui sont la suite des fermentations qui se font dans le sein de la terre, & qui occasionnent des éruptions locales dont les effets sont si variés, quoique rarement ils soient aussi désastreux que ceux dont nous venons de parler. Il est à croire aussi, que ces phénomènes sont plus communs qu'on ne l'imagine, & que l'habitude où l'on est de regarder la foudre comme venant des nuées, fait que l'on confond les météores semblables qui se forment dans le sein de la terre, dont l'action est de bas en haut, avec ceux qui sortent des nuages. Les idées nouvelles que les expériences de l'électricité ont données sur la formation de la foudre & sur sa manière d'agir, ne contribuëront pas peu à entretenir l'ancien préjugé ; on s'efforcera de conserver aux nouvelles découvertes

découvertes tout l'avantage que l'on a cru devoir en espérer : on ne se détachera pas aisément de l'espoir de se rendre maître de la matière fulminante, & d'en diriger le cours de façon à écarter tous les dangers ; ce que l'on ne pourroit pas tenter par rapport aux foudres qui s'élèvent du sein de la terre, pour se répandre dans l'atmosphère.

Quelques observations vont jetter un nouveau jour sur le sujet assez obscur par lui-même, qui nous occupe actuellement. Le marquis Scipion Maffeï, venoit d'arriver en 1721 au château de *For-di-Novo*, dans le tems qu'un nuage épais annonçoit un orage prochain. Il faisoit la conversation depuis quelques instans dans une chambre bien fermée, lorsqu'il vit s'allumer au-dessus du parquet un feu vif, blanchâtre & azuré. Le corps de la flamme qui avoit quelqu'étendue fut d'abord sans mouvement progressif : il avança ensuite de son côté sous la forme d'une languette, & resta de nouveau immobile, puis il se dilata précisément comme un petit tas de poudre à canon auquel on auroit mis le feu avec une légère traînée de même matière. Il sentit ensuite cette flamme passer près de ses épaules en serpentant ; elle s'éleva, fit tomber quelques morceaux de plâtre du plafond, passa dans différentes pièces des étages supérieurs, laissant par-tout de ses vestiges sans avoir cependant blessé personne. Ce phénomène se termina par un très-grand bruit, différent de celui du tonnerre ou de l'explosion de la foudre.

En 1750, le deux juillet à trois heures environ après midi, je fus témoin d'un évènement à peu-près semblable dans l'église saint Michel de Dijon. Il pleuvoit depuis quelque tems, l'air étoit très-humide & couvert de nuages épais ; le tonnerre grondoit sans faire de ces éclats vifs, plus effrayans encore par le bruit perçant qu'ils font entendre & par la commotion qu'ils

impriment à l'air, que par le danger qu'ils annoncent tout-à-coup.
Je vis paroître, entre les deux premiers piliers de la grande nef, une
flamme d'un rouge assez ardent qui
se soutenoit en l'air à trois pieds
du pavé de l'église; elle s'éleva ensuite à la hauteur de douze à quinze
pieds en augmentant de volume,
& après avoir parcouru quelques
toises en continuant de s'élever en
diagonale, à la hauteur à peu près
du buffet de l'orgue; elle finit en
se dilatant, par un bruit semblable à celui d'un canon que l'on auroit tiré dans l'église même.

Ces deux phénomènes ont assez
de ressemblance pour les expliquer
l'un par l'autre. Dans le premier,
le marquis Maffeï tient pour constant que la foudre qui s'alluma à
For-di-Novo avoit sa génération &
son principe dans la chambre même
où il étoit; il l'avoit vu naître &
s'allumer, le feu n'étoit point entré
par les fenêtres & la porte qui
étoient fermées. Il s'étoit donc

amassé dans l'air de la chambre
près du parquet, quantité de particules nitreuses & sulfureuses, dont
on sait que la montagne sur laquelle
est bâti ce château est remplie. La
disposition de l'air ayant occasionné
quelque mouvement dans ces matières, leur frottement réciproque
dut être suivi de quelque effervescence qui les rendit plus susceptibles de s'enflammer : la pluie qui
tomboit alors, concentrant le phlogistique dans les divers appartemens, où l'on ressentoit une chaleur étouffante. L'incendie se fit
remarquer d'abord dans l'amas le
plus considérable, d'où se communiquant à un autre amas voisin, il
fit paroître un second globe de
feu : de-là se portant sur une colonne formée des mêmes matières
inflammables, on vit cette espèce
de foudre se répandre jusqu'aux
étages les plus élevés du château;
sa subtilité lui facilitant les moyens
de passer à travers les planchers
d'un appartement à l'autre. C'est

ainsi que l'effet de la foudre sans
rien renverser, se fit sentir dans
tous les étages du bas en haut.

Dans le second exemple, il est
sensible que la fermentation étoit
la plus forte, dans l'endroit même
où l'incendie se fit d'abord appercevoir. La colonne des matières
inflammables étoit plus pressée par
l'air qui l'environnoit & qui agissoit dessus en raison de sa densité
& de son humidité alors très-con-
sidérables. La pression de l'air de-
venant moindre, le volume de la
flamme s'étendit plus librement,
& son diamètre augmenta du triple
en s'élevant à la hauteur dont j'ai
parlé, où il disparut par un éclat
semblable à celui d'un coup de canon. Ce bruit étoit le même que
celui de ces foudres qui se dissipent
à différentes hauteurs de l'atmosphère. Il n'eut ni écho ni prolongation, ainsi que le tonnerre en a
ordinairement, au moyen de l'air
répercuté par les sinuosités des nuages, ou par les masses terrestres

qui le réfléchiſſent. La répercuſſion qui ſe fit par les voûtes, les murailles, & les piliers de l'égliſe, ſuivit de trop près le bruit pour en être diſtingué : on n'entendit qu'un retentiſſement des tuyaux de l'orgue, occaſionné par le flux de l'air vivement comprimé dans leur voiſinage, au moment de l'exploſion dans laquelle diſparut ce globe de feu, qui avoit alors au moins deux pieds diamètre.

## §. XVI.

## *Réſultat des articles précédens.*

Les obſervations que nous venons de rapporter étant approfondies, ſemblent ne laiſſer aucun doute ſur les différentes manières dont la foudre ſe forme. Il ne faut qu'oſer & ſavoir obſerver la nature, lorſqu'elle développe ſes forces avec le plus d'énergie, pour rendre raiſon de ſes opérations les plus merveilleuſes, & même les plus capables d'effrayer.

On sait par expérience que dans
la plupart des contrées différentes,
de même que dans les villes, certains édifices, quelques points élevés des montagnes, sont plus en
bute aux coups de la foudre que
d'autres. Si on fait quelque attention sur les effets de ce météore,
on remarque souvent que son action
a été de bas en haut, c'est ce que
j'ai eu lieu d'observer particulièrement au château de la Roche-Milet. Le seigneur m'assura que la
foudre y tomboit presque tous les
ans sans y causer beaucoup de ravages; lorsque je le vis en 1751,
la corniche d'une aîle de ce bâtiment en avoit été nouvellement
frappée. Dans la plupart des villes,
certains quartiers sont plus sujets
que d'autres à ces accidens. Quelle
raison physique prouvera que, soit
que la foudre sorte toute allumée
des nuages, soit qu'elle ne s'enflamme qu'au moment où elle
frappe, il y ait une attraction assez
forte pour déterminer dans un

grand espace, un endroit particulier à un effet si terrible, & presque toujours par un mouvement bisarre ? à moins que l'on ne puisse conjecturer que par quelque cause locale, ou fixe, ou seulement momentanée, cette partie de l'atmosphère est modifiée de façon à décider la chûte de la colonne embrasée qui vient du haut des airs directement sur cet endroit : ou bien ne peut-on pas soupçonner que ce que l'on prend pour une foudre aërienne, est plutôt une foudre terrestre, dont la matière sort du sol même, ou des corps dont il est accidentellement couvert.

Suivons un moment cette explication, elle paroît se rapprocher des loix ordinaires de la nature, de façon à conduire à la découverte de la vérité. La terre renferme dans son sein des minéraux, des matières bitumineuses, salines, sulfureuses, qui y sont inégalement distribuées, de sorte qu'un petit espace de terre se trouve impregné

de certains sucs qui ne s'étendent
pas loin aux environs. Les émana-
nations qui en sortent donnent dès-
lors des qualités particulières à l'atmosphère : lorsqu'une partie d'un
sol déja fertile en minéraux est encore impregné de soufres & de
nitres, les exhalaisons propres à
s'enflammer & à fulminer ensuite,
qui s'en élèvent se rapprochent par
la difficulté qu'elles trouvent à
s'unir à un air épais & humide,
qui les environne de toutes parts :
& cette opposition du froid au
chaud qui les a mises en mouvement les détermine bientôt à l'incendie & à la fulmination. Telle
est l'origine de la plupart des foudres dont les effets sont quelquefois très-funestes, & toujours d'autant plus surprenans qu'ils ne sont
annoncés par aucun bruit qui les
ait précédés. Si quelque tems après
l'air retentit du bruit du tonnerre
qui se fait entendre dans les nuages
supérieurs, c'est qu'une partie du
phlogistique a enfin pénétré jusqu'à

ces nuages, où se joignant aux matières en fermentation qu'ils contenoient déja, elle en augmente les forces & les met en état de briser les obstacles qui s'opposoient à leur expansion; alors elles éclatent avec un bruit de détonation relatif à leur quantité & à l'intensité de leur action.

Or dans la production des foudres terrestres, les cavités de la terre, un air épais & froid, la résistance des corps voisins peuvent produire le même effet que la matière des nuages les plus condensés: ce qui vient d'arriver au mois d'août 1770, à Workington dans le comté de Cumberland, en est la preuve. La fosse d'une mine de charbon située aux environs de cette ville, exhalant une odeur insupportable, il avoit été défendu aux ouvriers d'y travailler; mais elle s'enflamma au moment où l'on y descendoit une chandelle enfermée dans une lanterne, pour examiner d'où provenoit cette vapeur.

L'explosion fut si forte qu'elle se fit entendre à six lieues. Cet accident coûta la vie à six personnes, d'autres y perdirent la vûe, & plusieurs spectateurs que la curiosité avoit attirés à cet endroit, furent blessés. Voilà certainement une foudre terrestre des plus actives & des plus formidables, dont l'origine n'est point équivoque, & qui apprend que les exhalaisons réunies peuvent souvent en produire de semblables.

Car si la foudre venoit constamment du ciel, elle seroit apperçue de beaucoup d'endroits comme l'éclair. Quantité de gens la verroient tomber, parce que la différence de son mouvement & sa durée feroient connoître que ce n'est pas un éclair. Je dis sa durée : comment un amas de parties métalliques & inflammables, assez fort pour traverser les corps les plus solides & les briser, parcourtoit-il un assez grand espace de l'atmosphère en aussi peu de tems qu'un éclair ? Quant au mouve-

N vj

ment, quelle différence encore ?
celui de la foudre ne feroit-il qu'un
tremblement, une vibration pendant laquelle on voit la flamme naître, briller & s'évanouir dans un inftant ? cependant que la foudre tombe, fur une maifon, dans une églife,
ceux qui font dans le voifinage l'ap-
perçoivent-ils ? une lumière extraordinaire vient-elle les éblouir ? il n'y
a d'ordinaire que ceux qui font dans
l'endroit même où elle a fon effet qui
aient quelque fenfation relative à ce
qui s'y paffe, ce qui femble prouver
que fouvent la foudre naît & fe
confomme dans le même endroit.

Il eft vrai que fouvent on voit
la foudre fortir des nuées & venir
frapper des corps fur lefquels elle
laiffe des traces de fon action : mais
fouvent auffi lorfque l'on obferve
avec le plus d'attention, au moment même que l'on peut affigner
à fa chûte, on ne voit paroître en
l'air aucun corps enflammé ; il ne
s'y fait aucune détonation qui annonce l'éruption de la foudre ; &

cependant on en voit les effets dans des bâtimens, fur des animaux qui font à portée de la vue. Plufieurs obfervateurs ont fait les mêmes remarques, qui auroient dû les éclairer ; mais pour ne pas s'écarter de la manière générale de penfer, ils ont cru que la matière étoit lancée hors du nuage comme un boulet de canon, & ne s'enflammoit qu'au moment même qu'elle rencontroit dans fa chûte le corps qui l'arrêtoit.

## §. XVII.

### *Mouvement bifarre de la foudre.*

Mais quelle raifon pourra-t-on donner du mouvement paffager & bifarre des foudres ? de ce que tantôt elles montent ; tantôt elles defcendent ; de ce qu'elles tournent & ferpentent très-fouvent ? nous avons déja répondu en partie à ces queftions, & ce que nous allons ajouter de nouveau, n'eft que le réfultat de la plupart des expériences & des obfervations que nous avons apportées en preuve, auxquelles nous joindrons quelques réflexions tirées d'autres découvertes.

Souvent les colonnes de matières inflammables fe divifent & prennent des directions oppofées : il peut arriver que l'une des branches s'allume à fon extrémité & que la flamme fe communique jufqu'à la bafe commune d'où part la divifion des branches. Comme l'amas des matières y eft plus confidérable, il s'y fait un incendie plus vif, qui agiffant fur l'air avec plus de force le dilate avec bruit, & caufe même du ravage, s'il fe trouve des corps qui faffent obftacle à l'expanfion de l'air & des matières enflammées qui le pouffent. La flamme fe communique auffitôt à l'autre colonne, dans une direction oppofée, & quand elle eft parvenue à fon extrémité, un nouvel éclat fe fait entendre qui eft occafionné

par une explosion du reste du phlogistique sur l'air qui l'environne,
son cours ne pouvant plus s'étendre plus loin. D'ordinaire les matières métalliques mélangées avec
les matières inflammables & les
plus propres à exciter une détonation sensible, se portent à l'extrémité de ces colonnes, où elles sont
entraînées par le mouvement précipité des particules sulfureuses, &
leur fulmination est alors d'autant
plus violente, qu'elles trouvent
dans la densité & l'humidité de
l'air ambiant, une résistance plus
marquée. Quelques observations
que j'ai faites à différentes reprises
me semblent propres à établir la
vérité de cette théorie.

J'ai vu de ces météores que le
peuple appelle des étoiles errantes,
s'allumer dans le haut, la flamme
couler le long de la matière phlogistique jusqu'à l'extrémité la plus
proche de la terre, où elle devenoit
plus considérable & prenoit un
mouvement circulaire, se relever

enſuite dans une direction oppoſée
& parcourir autant d'eſpace qu'elle
en avoit tenu d'abord pour arriver
de haut en bas, juſqu'au centre
d'où partoient les deux branches.
Si le ciel eût été couvert de nuages,
& l'air plus épais & plus humide, ce
météore qui par un tems ſec & ſous
un ciel ſerein, s'enflamma & ſe
diſſipa ſans bruit, eût pu devenir
la matière d'une foudre qui auroit
détonné avec un bruit proportionné
à la réſiſtance qu'elle auroit trouvé
dans les nuages où elle auroit été
enveloppée. On peut conjecturer
la même choſe de tous les feux de
même nature, que l'on voit s'allumer & s'éteindre dans l'air à différentes hauteurs, pendant les nuits
ſereines de l'été, & quelquefois
dans celles de l'hiver, où l'air étant
purifié par les vents ſecs du nord-
eſt, les aſtres de la nuit brillent de
tout leur éclat. On y remarquera
ſeulement que la couleur de la
flamme eſt plus rouge & plus éclatante en été qu'en hiver : le phlo-

giftique fulfureux paroît dominer dans les premiers, & les efprits falins & nitreux font plus abondans dans les autres ; ce que l'on ne peut rapporter qu'à l'état actuel de l'atmofphère, & aux fubftances qui dominent dans les matières différentes, dont elle eft compofée, que l'on fait varier fuivant les faifons.

Ces premieres réflexions nous indiquent encore pourquoi il arrive que la foudre tourne & ferpente, au lieu de fuivre la direction qu'elle a reçue au moment de fon éruption. Le feu une fois allumé trouve dans l'air une continuité de parties inflammables qui lui fervent d'aliment, & il en fuit la trace. Car les corpufcules d'efpèces infiniment différentes, qui forment la maffe de l'air, ne font pas toujours mêlés confufément. Il eft plus probable que la reffemblance qui fe trouve dans leur nature, & leurs qualités diftinctives, les unit & les raffemble dès qu'ils font en certaine

quantité. La conformation différente des corpuscules étrangers qui
les environnent contribue à cette
union, par l'effort qu'ils font pour
les pénétrer & les défunir. Ne voit-
on pas des courants particuliers,
& des raies d'eau dans la mer &
dans les lacs, qui font féparés de
la maffe générale des eaux qui les
environnent, & qui ont un cours
affez long avant que de s'y réunir.
La même chofe s'obferve à l'embouchure de prefque toutes les rivières dans les grands fleuves, elles
confervent leur couleur, leur goût,
à une diftance marquée, avant que
de fe confondre avec des eaux dont
les qualités paroiffent différentes.
Ainfi on voit le feu fuivre fans
s'écarter une traînée circulaire de
poudre à canon & ne s'enflammer
que fucceffivement.

On peut encore par cette théorie
rendre raifon des effets multipliés
de la foudre en même-tems, dans
le même endroit : c'eft qu'indépendamment de la colonne principale

dont le coup n'eſt ſouvent que trop funeſte, il en part quelquefois d'autres branches très-ſubtiles, comme autant de rayons qui prennent feu & ont chacun leur effet marqué ſur les corps auxquels ils s'attachent en finiſſant. C'eſt cette diviſion de la foudre à laquelle on ne fait pas attention, & qui cependant eſt réelle en pluſieurs circonſtances, qui rend ſes effets ſi ſurprenans. C'eſt par cette raiſon que ceux qui ſont à portée d'obſerver le mouvement de la foudre apperçoivent quelquefois plus d'une flamme, & que les anciens repréſentèrent la foudre avec pluſieurs branches.

Le P. Kirker trouve dans les ſuites de l'évaporation la cauſe du mouvement indécis de la foudre (a). Les émanations de la terre envoyant ſans ceſſe dans l'air des ſubſtances

---

(a) *Mundus ſubterraneus*, *lib.* 4. *cap.* 9. §. 2.

de toutes espèces : les esprits sulfureux, arsénicaux, d'autres que
l'on peut comparer à l'or fulminant, s'ils n'en sont pas, se trouvant mêlés avec les esprits nitreux
auxquels ils ne peuvent s'unir, se
mettent en mouvements opposés
pour se séparer les uns des autres.
Leurs qualités contraires, & le peu
d'espace qu'ils trouvent dans les
canaux fistuleux des nuées redou-
blent leur agitation; ils s'échauffent dans leurs chocs réitérés les
uns contre les autres, & lorsque
leurs efforts réunis se portent constamment contre une partie de la
nuée, ils la brisent. Alors ces matières différentes que l'on suppose
assez rapprochées pour former une
espèce de colonne se répandent par
un mouvement quelconque, droit,
oblique ou circulaire de haut en
bas, à travers les ondulations de
l'air. L'esprit sulfureux, le vrai
phlogistique se portant toujours en
haut, la substance terrestre & ni-
treuse tendant en bas, il en résulte

un mouvement douteux, où le poids de l'un entraîne l'autre.

Quant à ce que les métaux font diffous par la foudre de préférence aux corps légers, flexibles & mous, on doit l'attribuer au rayon ignée, à l'efprit fulfureux dont la force pénétrante eft d'une efficacité inconcevable. Pour en rendre raifon le P. Kirker compare l'effet de la flamme de la foudre à celui du feu de la lampe à fouder. Il n'y a point de métaux, fi durs foient-ils, qui ne cèdent tout de fuite à l'action de cette flamme; le verre eft auffitôt fondu. Si on place une petite pièce de cuir, ou une petite plaque de bois entre le verre ou le métal fur lefquels la flamme doit agir, fa fubtilité eft telle, que, fans altérer le cuir & le bois, elle pénètre tout de fuite, & fans rien perdre de fa force, elle ne fond pas moins promptement le verre ou les métaux. Une telle comparaifon nous conduit plus fûrement à la connoiffance des effets de la foudre,

que les fpéculations métaphyfiques
portées le plus loin. La force étonnante de la flamme à fouder doit
venir de ce que les efprits ignées
ne pouvant fe dégager des matières
différentes dans lefquels ils font
enveloppés, fe portent avec impétuofité à la pointe de la flamme,
ou raffemblés & condenfés dans le
plus petit efpace poffible, d'où cependant ils ne peuvent s'échapper,
toujours contraints par les matières
qui entretiennent la flamme, ils
s'accumulent fans ceffe, & ne s'en
féparent que lorfqu'ils font immédiatement appliqués par le fouffle
de l'ouvrier fur le corps qu'ils doivent fondre ou calciner. Ce feu eft
entretenu par une liqueur épaiffe
compofée de foufre fondu, d'huile
de fel ammoniac & de nitre ma-
cerés enfemble. Or les matières de
la foudre font fi analogues à celles
de cette efpèce d'huile, qu'il n'eft
pas étonnant que préparées dans le
grand laboratoire de la nature, &
portées à un point de fubtilité ou

l'art n'atteindra jamais, elles aient des effets auſſi variés que ſurprenans.

Quelquefois elles ſont ſi ſubtiles que la foudre pénètre les corps les plus ſolides ſans les briſer, ſans laiſſer même des veſtiges de ſon paſſage. Si elle agit directement ſur les animaux, ſon effet le plus ordinaire eſt d'intercepter le mouvement & la reſpiration, & de cauſer une ſuffocation violente qui eſt ſuivie d'une prompte mort; ou elle jette un tel déſordre dans l'organiſation qu'elle anéantit dans l'inſtant le principe même de la vie, ſans qu'il ſoit poſſible de découvrir aucune trace de ſon action ſoit au-dehors, ſoit au-dedans des corps. Quelquefois cette même matière eſt tranchante & deſtructive : il ſemble que la foudre ſoit compoſée d'une multitude de particules aiguës & inciſives d'une force étonnante, qui briſe les pierres, diviſe les métaux, fend & caſſe les bois, ſans que l'action du feu ſe manifeſte en rien, quoique le phlogiſtique général ſoit toujours la cauſe du mouvement précipité de ces matieres fulminantes & deſtructives à un ſi haut degré. Le 16 juillet 1769 le tonnerre tomba ſur l'égliſe de l'abbaye de Saint-Corentin, à deux lieues de Mantes, au diocèſe de Chartres, il s'introduiſit par le clocher qu'il fracaſſa, ſans doute après avoir fait au-dedans une violente fulmination. Il parcourut la couverture de la charpente, coupa par lames preſque tout le plomb ſans le fondre, fit éclater en pluſieurs morceaux de groſſes pièces de bois ; ſans mettre le feu nulle part. De-là il entra du dehors dans l'égliſe, endommagea les murs en pluſieurs endroits, briſa les corniches & les moulures. De deux femmes qui étoient dans l'égliſe, l'une fut renverſée & jettée à quelque diſtance de ſa place, l'autre fut décoëffée ; mais toutes deux ne furent que légèrement bleſſées ; la foudre alla enſuite frapper une croiſée du chœur, où elle fit quelque

que dégât ; de-là elle entra dans une petite tribune voisine de la chambre de l'abbesse, d'où elle s'introduisit dans une garde-robe, où elle renversa tout, & fit des crevasses au mur, rompit la croisée, & enfin alla tomber & finir devant la porte de la tourriere.

Voilà ce que l'on raconte de ce phénomène singulier, comme fait successivement par une même foudre qui serpentoit sans doute avec une vivacité étonnante, & qui produisoit des effets si différens les uns des autres. Mais n'est-il pas plus naturel de penser qu'un phlogistique très-animé, répandu à la suite de l'explosion du tonnerre dans l'air renfermé dans l'église & les appartemens voisins, y mit en mouvement d'autres matieres fulminantes déja rassemblées, soit dans l'épaisseur des murs qui en furent altérés, soit dans les autres endroits où l'effet de la foudre fut le plus marqué ? Les deux femmes qui parurent frappées, le furent si légérement,

*Tome VIII* O

qu'on ne peut attribuer ce qui leur
arriva qu'à l'air raréfié tout-d'un-
coup par le phlogiftique feul, qui
n'étoit mêlé d'aucune autre matière
capable de les bleffer plus grièvement. Il paroît même qu'il n'étoit
pas fort abondant, puifqu'elles n'é-
prouvèrent aucune fuffocation.

Ainfi on peut comprendre pourquoi il y a des foudres qui ne caufent aucun défordre; c'eft qu'elles
ne font pas compofées de matières
falines, nitreufes & métalliques capables de brifer les corps fur lefquels elles agiffent, mais de matières bitumineufes & fulfureufes, propres il eft vrai à s'enflammer, mais
qui n'ont point affez de roideur
pour bleffer ou renverfer : elles ne
font dangereufes que lorfqu'elles
s'attachent à des corps très combuftibles. Elles ont une grande analogie avec les feux folets & les météores de cette efpèce, que l'on eft
accoutumé de voir, fans qu'ils inf-
pirent aucune frayeur. Tels font
les tonnerres de certains orages lé-

gers, qui se font quelquefois dans la saison la plus chaude. Le 6 juillet 1768, la chaleur avoit été très-forte pendant la journée, & sur-tout l'après-midi : les nuages se rassemblèrent au nord-ouest & à l'ouest : il y eut quelque bruit de tonnerre, & le cours de l'air se décida entre le sud-ouest & le sud-est par la plaine de Bourgogne qui s'étend de l'est à l'ouest, dans sa partie la plus orientale. Toutes les vapeurs & les exhalaisons parurent se réunir de ce côté : le tonnerre y dura long-temps avec des éclairs qui se succédoient sans interruption, & des foudres multipliées de l'espèce de celles que les anciens appelloient *fulmen brutum* (foudres sans effet) : j'en voyois partir en tout sens, de haut en bas & de bas en haut, en ligne horisontale ; d'autres décrivoient des lignes paraboliques, des traits rapides qui formoient plusieurs angles, & des lignes droites de communication d'un angle à l'autre ; d'autres se divisoient tout-d'un-

coup en deux ou plusieurs branches
qui partoient en même-tems d'un
centre commun : aucun de ces feux
ne parut aboutir jusqu'à terre.

Si cependant cette flamme, quelque légère qu'on la suppose, faisant éruption d'un nuage, avoit un
cours assez précipité pour conserver
sa direction, du point où elle est
censée partir, jusqu'au corps qu'elle
frappe, il est presque certain qu'elle
lui seroit funeste, quand elle n'auroit d'autre force que de le comprimer trop fortement, & d'intercepter tout-d'un-coup le mouvement.
Ces sortes de foudres sont quelquefois accompagnés d'une détonation très-forte, qui agit sur l'air à
une certaine distance. M. de Forbin
(*tom.* 1. *an.* 1697.) raconte qu'é-
tant à-peu-près par le travers de
l'isle S. Pierre, dans la méditerra-
née, vis-à-vis de Cagliari, le tonnerre donna dans son vaisseau sur
les quatre heures du matin : le coup
fut si violent, qu'il fit crier les pou-
les & les moutons. Quand le jour

fût venu, il trouva fur l'avant un matelot affis roidement, ayant les yeux ouverts & tout le corps dans une attitude fi naturelle qu'il paroiffoit vivant. Après l'avoir fait vifiter, fans qu'on lui trouvât fur le corps la moindre contufion ; on le fit ouvrir, fes entrailles ne parurent point altérées : fans doute que le feu du tonnerre l'avoit étouffé fur le champ.

Doit-on proprement donner le nom de foudres aux météores de cette qualité? Ne font-ce pas plutôt des amas de matière ignée, répandus dans l'air avec une difpofition prochaine à s'enflammer, mais dont l'action n'eft point fulminante dans le fens attaché à ce terme. Ils ne renverfent & ne brifent point, ils agiffent immédiatement fur l'air qu'ils raréfient tout-d'un coup, au point de lui ôter tout fon reffort. Cependant dans ces fortes d'occafions, la matière fulminante eft quelquefois divifée de façon qu'elle agit plus immédiatement fur les corps que sur l'air. L'Amiral Anson l'éprouva en 1741, lorsqu'il passoit à la mer du sud, par le cap de Horn, étant environ à 52 degrés de latitude au nord du détroit de Magellan, par le travers de la côte du Chili en tirant au sud. » Pendant une de ces rafales vio- » lentes que l'on éprouve souvent » dans ces mers, & qui étoit ac- » compagnée de furieux coups de » tonnerre, un éclat de feu courut » le long du tillac d'un des vais- » seaux de son escadre, & se divi- » sant avec un bruit semblable à ce- » lui de plusieurs coups de pistolet, » blessa quelques uns des officiers & » des matelots ; les marques des » coups paroissant en plusieurs en- » droits de leurs corps. Cette flam- » me qui se fit aussi sentir par une » très-forte odeur de soufre, étoit » sans doute de même nature que » les éclats de la foudre dont l'air » pour lors étoit embrasé «. La matiere étoit en effet la même, mais divisée en amas séparés les uns des autres par une quantité de vapeurs aqueuses, à travers lesquel- les ils faisoient explosion, détermi- nés à s'enflammer par la chaleur particulière de l'atmosphère des corps qu'ils frappèrent ; & l'odeur de soufre étoit produite par le dé- veloppement du phlogistique qui se répandit tout-d'un-coup dans l'air qui couvroit alors le tillac.

De la persuasion où l'on a été long-temps que la foudre ne se for- moit que dans les nuées, on a con- clu que les lieux hauts, & les corps qui dominent sur les surfaces éle- vées, en étoient plus souvent frap- pés que les plaines basses. Nous avons déja vu ce que l'on doit pen- ser de cette proposition générale, & nous y ajouterons que si les mon- tagnes paroissent plus exposées à la chûte de la foudre, c'est qu'elles renferment d'ordinaire dans leur sein, les exhalaisons minérales & sulfureuses qui servent à la former, & que souvent leur atmosphère en est remplie au point qu'il s'y fait

des fermentations, qui font terminées par des incendies & des explofions qui ont toute l'apparence &
même les effets de la foudre tom-
bante des nuées, dont leurs fommets font alors couverts. Quant
aux édifices remarquables, aux
tours, aux châteaux antiques qui
femblent fervir de but aux feux
aëriens, il ne faut que les examiner pour voir que la plûpart font
remplis de matières falines & nitreufes, auxquelles des exhalaifons
de même nature, flottantes dans
l'air & mêlées d'un phlogiftique
abondant, viennent fe réunir : dès-
lors il fe forme dans la plûpart de
ces murs des colonnes de matières
inflammables, propres à exciter une
fulmination violente, dès qu'elles
fe font allumées par une fuite de
leur choc mutuel, & par la réfiftance qu'elles trouvent dans l'air
qui les environne. Que l'on y faffe
attention, la plûpart de ces météores ont leur action de bas en haut,
dont l'effort eft fouvent marqué en

divers points de la ligne qu'ils parcourent, & sur-tout à l'extrémité supérieure de la colonne, qui d'ordinaire n'excede pas la hauteur de l'édifice auquel elle est attachée, & où elle cause un ravage proportionné à la quantité de matières dont elle est formée.

Mais les arbres ne sont pas propres à réunir des matières semblables, & on ne voit pas même que la foudre frappe plus souvent les arbres résineux que les autres, quoiqu'il s'en exhale des matières inflammables qui peuvent s'arrêter dans leur atmosphère, y déterminer la chûte de la foudre, ou même en faciliter la formation. Ce n'est pas aussi par cette raison que les arbres doivent être exposés aux coups de la foudre, c'est qu'ils arrêtent le mouvement de l'air, & qu'ils font obstacle à l'impétuosité du vent qui l'agite, & dès-lors les courans insensibles d'exhalaisons sulphureuses, nitreuses ou métalliques qui suivent le flux de l'air, retenus par

O v

les arbres qu'ils rencontrent, s'y attachent, pénètrent leur écorce, & souvent leur substance même par les pores toujours ouverts à une matière aussi subtile. Ce qui en reste à l'extérieur forme une atmosphère momentanée très-inflammable, qui fortement comprimée par l'air ambiant auquel elle ne peut s'unir, s'allume enfin, & met en feu les substances de même nature qui ont pénétré le corps de l'arbre : venant ensuite à se dilater dans le fort de l'incendie, quelquefois elles embrasent l'arbre, d'autrefois elles ne font que le diviser en plusieurs parties.

Le 27 juin 1756, sur les neuf heures du soir, il y eut à l'abbaye du Val, près de l'Isle-Adam, un orage accompagné d'une pluie abondante, d'éclairs très-vifs, & de coups de tonnerre assez forts. Vers les dix heures un coup plus violent fit croire qu'il étoit tombé sur l'abbaye, mais c'étoit à plus d'une demi-lieue, dans les bois qui en dépendent. L'arbre fur lequel étoit tombé le tonnerre étoit un gros chêne ifolé, d'environ cinquante à foixante pieds de hauteur, de quatre pieds de diametre à fa racine. Le tonnerre avoit probablement frappé la cime de l'arbre, & dé-là étoit venu, après avoir brifé les premieres branches, fur le milieu du tronc qui étoit dépouillé de fon écorce & fendu jufqu'à fix pieds en terre, en morceaux prefqu'auffi minces que des lattes. L'écorce de la plûpart des branches étoit déchiquetée & hachée, comme fi on l'eût fait à plaifir; elles tenoient cependant toujours au tronc; & celui-ci, fur lequel il ne reftoit plus d'écorce, avoit confervé fa couleur, & n'avoit aucune tache noire. Les écorces détachées avoient été jet-tées de côté & d'autre à trente ou quarante pas de diftance. Le tronc & les branches, même les feuilles qui y tenoient étoient abfolument deffechées. Autour de la bafe du tronc, il y avoit différentes cre-

O vj

vasses causées vraisemblablement par l'agitation que le coup avoit donné à l'arbre, car la terre ne paroissoit pas avoir changé de couleur. (*Mém. de l'acad. des sciences, an.* 1756, *hist. pag.* 27.)

Peut-être encore ces crevasses mieux examinées, auroient indiqué l'éruption d'une matière homogène à celle de la foudre, & qui en auroit rendu l'effet local plus violent. Quant à ce que la terre ne parut pas avoir changé de couleur, cela peut être attribué à la pluie abondante qui tomboit alors, & qui ayant lavé tout ce terrein à l'extérieur, ne permettoit plus, lorsqu'on alla l'observer, que l'on reconnût aucun des vestiges de cette éruption que l'on peut supposer; car l'ébranlement du chêne auquel on attribue la formation des crevasses, auroit dû plutôt soulever le terrein que le crevasser.

Le 20 juillet suivant, le même accident arriva à un arbre de la forêt de Rambouillet. C'étoit un

chêne de grosseur & de force à-peu-
près égales à celui dont nous venons de parler : il étoit placé de
même, au milieu d'une espèce de
vuide, entouré de taillis. Il fut
frappé par la cime & réduit en
morceaux minces comme des lattes.
Dans celui-ci le tronc, sans être
dépouillé de son écorce, fut fendu
jusqu'au pied, & les branches séparées de l'arbre, & jettées au
tour à une égale distance avec une
sorte de régularité. Elles ne portoient qu'en peu d'endroits des marques de brûlure, & n'étoient point
déchiquetées. Le tronc & les branches étoient verds, ainsi que les
feuilles ; en un mot, le tonnerre ne
paroissoit y avoir opéré d'autre changement que de casser les branches
& fendre le tronc en un instant.
(*Mém. de l'acad. ub. sup.*) Les variétés que l'on remarque dans ces
phénomènes ne peuvent être attri-
buées qu'aux différentes qualités des
matières qui agissent sur les corps,
toujours avec une très-grande force

lorsqu'elles font concentrées dans un petit efpace, & que le corps qui les tenoit comme réunies femble s'oppofer à leur expanfion.

Si l'on obferve la plûpart des arbres frappés de la foudre, on verra qu'ordinairement ils ne font altérés & brifés que d'un feul côté, que la divifion de leurs parties ne s'eft faite que fucceffivement; ce qu'il eft difficile d'attribuer à l'action de la foudre, confidérée comme fortant de la nuée, fans être fecondée par d'autres matières dont elle trouve pénétrés les corps fur lefquels elle s'arrête. Les mémoires de l'académie des fciences rapportent à l'année 1724 une obfervation faite par M. de Mairan fur un arbre frappé de la foudre, dans la terre du Boulai en Gatinois. M. de Fontenelle y fait remarquer pofitivement que l'arbre n'avoit point été attaqué par le haut. L'action de la matière fulminante avoit partagé le corps de l'arbre, qui avoit fept à huit pieds de tour, en plufieurs parties, fur lefquelles on ne remarquoit aucun vestige du feu. Il paroissoit que la dilatation seule de l'air, & l'explosion des sels naturels à l'árbre avoient fait tout le ravage. Les branches séparées du tronc n'avoient souffert d'autre altération que celle d'être arrachées avec violence, plutôt que brisées.

Le 30 juillet 1764, à cinq heures & demie du matin, par un beau soleil, il passa près du château de Dénainvilliers, un petit nuage isolé, d'où il sortit un éclair & un coup de tonnerre qui tomba sur un orme très-près du château, & enleva une lanière d'écorce de vingt pieds de hauteur, jusqu'à la racine, sur deux, trois & quatre pouces de largeur, & fit sur le bois une rainure d'un travers de doigt de largeur & de profondeur. Dans le fond de cette rainure, on voyoit une ligne comme un fil noir, où le bois paroissoit être fendu. Dans le moment on sentit dans une ferme voisine une odeur de soufre qui effraya, & engagea à visiter par-

tout s'il n'y avoit point de feu.
(*Mém. de l'acad. des sciences, an.*
1765.) Il y a deux choses à remarquer sur cette observation ; la première que la foudre agit d'une manière assez uniforme sur les arbres
qu'elle frappe, & que ses effets se
rapportent presque toujours à la
quantité des matières qui les entoure, ou dont ils sont pénétrés,
que l'on peut regarder comme pré-
existante. La seconde se rapporte à
cette odeur sulphureuse qui effraya
& fit craindre quelqu'incendie caché. Elle prouve que le phlogistique
est essentiellement le premier mobile de la foudre.

Allons plus loin encore, & voyons
quels sont les endroits les plus exposés à la foudre ? Ce sont les fermes à la campagne ; dans les villes, les églises entourées de cime-
tières. La raison en est sensible.
Le écuries, presque toujours atte-
nantes aux fermes, sont le dépôt
des matières nitreuses, grasses, salines & sulphureuses qui s'exhalent

des fumiers qui y font renouvellés fans cesse, & qui font toujours en fermentation. Ce font autant de réfervoirs d'où s'élèvent quantité d'exhalaifons inflammables & propres à engendrer les foudres qui ne s'y forment que trop fouvent, lorfque par la preffion des nuages fur l'atmofphère inférieure, un air plus épais & plus humide, met ces efprits dans une fermentation d'où l'incendie fuit néceffairement. Dans ces circonftances, l'explofion qui termine la colonne d'exhalaifons enflammées, perfuade que le tonnerre tombé du ciel a mis le feu à ces bâtimens, tandis que la foudre formée dans leur fein, a caufé tout le défordre qui s'y eft fait.

Voici une obfervation faite au mois d'août 1742, qui femble affurer la vérité de cette conjecture. Il étoit environ fept heures du foir, le tems étoit couvert, l'air humide, & il fouffloit un vent de fud-oueft affez fort. Je regardois rentrer dans l'étable un troupeau de moutons :

quelque tems après qu'ils y furent enfermés, ils commencèrent à s'agiter violemment, & à se heurter les uns contre les autres. Le berger ouvrit pour mettre le calme dans son troupeau; mais à peine la porte fut-elle entr'ouverte que tous les moutons sortirent avec impétuofité, renversèrent le berger & s'arrêtèrent à quelques pas. Immédiatement après j'entendis dans l'étable un bruit très-violent de détonation : je courus pour voir quelle en étoit la caufe, mais je ne pus foutenir l'odeur âcre du fumier qui me parut plus fétide & plus pénétrante qu'elle ne devoit l'être. La caufe de ce petit phénomène, n'eft pas difficile à trouver. Le fol de l'étable imbu depuis long-tems d'une grande quantité de particules nitreufes, falines, & fulphureufes, les exhaloit alors en abondance, & la difpofition de l'air étoit très-propre à en faciliter la fermentation. Ces exhalaifons frappèrent vivement & défagréablement l'odorat des moutons, qui ne pouvant y résister, non plus qu'à la chaleur extraordinaire dont ils dûrent être saisis, s'échappèrent aussitôt que la porte fut ouverte. Ces matières ayant ensuite plus de jeu, elles se heurtèrent entr'elles, prirent feu & éclatèrent avec autant de bruit qu'elles auroient fait dans la région supérieure de l'air, dans un nuage où elles auroient été comprimées. Je ne vis point de feu ; sans doute que s'il y en eut, il fut renfermé dans l'intérieur de l'étable, & s'éteignit au moment de l'explosion. Comme le jour étoit encore plein, il empêcha que je ne visse les derniers rayons de la lumière qui auroient pu s'échapper par la porte, & venir jusqu'à moi s'il eût été nuit. D'ailleurs la lumière de la foudre, soit qu'elle sorte de terre, ou qu'elle se forme à sa surface, soit qu'elle tombe des nuées d'orage, n'est point du tout comparable à celle de l'éclair. Celle que M. Maffëi vit à For-di-Novo, celle qui s'alluma dans l'église de faint Michel, les connoiffances que j'ai pu tirer de ceux qui dans les derniers tems ont vu la foudre allumée dans leurs appartemens, m'affurent que cette lumière auroit peine à éclairer pendant la nuit un efpace de cinquante toifes en quarré. Le jour elle ne caufe aucune augmentation de lumière; fi la matière en eft raréfiée & fubtile, fi la flamme en eft blanche, à peine l'apperçoit-on, mais on l'entend; fi elle eft plus condenfée, elle eft alors d'un rouge obfcur qui permet d'en diftinguer la forme & le volume. Voici un exemple fingulier du premier cas. Lorfque M. de Forbin traverfoit le détroit de la Sonde en 1685, tout l'équipage de fon vaiffeau qui étoit fur le pont, fut témoin d'un phénomène qu'aucun d'eux n'avoit jamais vu. Le ciel étant fort ferein, ils entendirent un grand coup de tonnerre femblable au bruit d'un canon chargé à boulet. La foudre qui fiffloit horriblement tomba dans la mer à deux

cens pas du vaiſſeau, & continua
de ſiffler dans l'eau qu'elle fit bouil-
lonner pendant un fort long eſpace
de tems. On voit quelle étoit la
cauſe de la formation de cette
foudre : un courant d'exhalaiſons
inflammables, qui étoit ſorti des
iſles voiſines, s'étoit répandu dans
l'atmoſphère ſous la direction du
vent. L'air de la mer preſque toujours humide & chargé de particules de bitume & de ſoufre, en con-
denſant ces matières, en accéléra
l'efferveſcence, & l'incendie qui
fut manifeſté par le bruit qui ſe
fit au moment de la fulmination,
& qui traverſant l'atmoſphère avec
une très-grande rapidité, y exci-
toit ce ſifflement, qui rendit le
cours de cette foudre ſenſible à
tous ceux qui étoient dans le vaiſſeau.

Quelquefois le phlogiſtique enveloppé de matières qui arrêtent
ſon action, produit des phénomènes ſinguliers qui paroiſſent ſur-
tout dans le tems des orages lorſ-

que la nature eſt dans un mouvement extraordinaire. Tel eſt celui
dont nous allons parler; il dut ſon
exiſtence à des principes combinés
de raréfaction & de condenſation,
au mélange du froid & du chaud,
aſſez ordinaire dans la ſaiſon où
on l'obſerva. Le mercredi 30 mai
1725, à Bocanbrey en Normandie,
il y eut le matin un aſſez grand
brouillard, quand il fut paſſé il
s'éleva ſur le midi pluſieurs orages
avec quelques coups de tonnerre.
Entre trois & quatre heures il y eut
des coups de ſoleil très-brûlans. A
quatre heures trois quarts, on entendit un bruit confus, qui augmentant toujours attira l'attention
de M. de Bocanbrey. Il fut fort
ſurpris d'entendre ce bruit comme
roulant ſur terre, & au bout d'un
quart-d'heure il devint ſemblable
à celui d'un carroſſe qui iroit ſur le
pavé, mais par ſecouſſes & à repri-
ſes. Il jugea que la cauſe du bruit
étoit à plus de trois cens toiſes de
lui à l'eſt, qu'elle alloit nord &

sud, très-lentement, puisqu'il fut plus de trois quarts-d'heure à écouter toujours sans rien voir. Enfin cette cause parut, c'étoit comme un tourbillon de feu roulant sur terre avec un bruit terrible. Il en sortoit une espèce de fumée rousse, plus claire dans son milieu, & s'éclaircissant toujours à mesure qu'elle haussoit ; elle pouvoit avoir un pied & demi de large, & montoit en bouillonnant d'une rapidité incroyable jusqu'à une nuée noire qui étoit au-dessus, & lorsqu'elle la touchoit, elle se rabattoit en tourbillonnant, comme de la fumée qui trouve en son chemin de l'opposition. Cette traînée de vapeurs n'étoit pas toujours égale, il paroissoit de tems en tems qu'elle diminuoit, & alors le bruit étoit moins fort, mais un moment après elle augmentoit & le bruit pareillement. Elle ne montoit pas constamment droit, mais quelquefois elle se courboit comme si elle eût obéi au vent, qui cependant étoit très-foible. Elle ondoyoit & faisoit même des retours entiers comme un cor de chasse : sa rapidité étoit beaucoup plus grande en bas qu'en haut, mais toujours égale dans son total. Lorsque ce spectacle se fut éloigné de l'observateur d'environ un quart de lieue, il vint du nord-est un grand coup de tonnerre, avec une très-grosse pluie ; le phénomène fut caché, ou plutôt dissipé & éteint ; son bruit cessa, & il n'en resta aucune trace ni sur la terre, ni dans l'air. ( *Mém. de l'académie des sciences, an.* 1725. *hist. pag.* 5. )

Voilà un météore singulier, une espèce de tiphon formé dans l'air, à peu de distance de la terre, sur laquelle il n'agit point, mais qui ressemble beaucoup pour ses effets à la plupart des tiphons, & à quelques trombes de mer. Ne pourroit-on pas dire que c'étoit un petit volcan formé des matières inflammables répandues dans l'air, qui s'étoient rassemblées dans un espace

pace déterminé, où elles s'étoient
réunies les unes aux autres, & que
s'étant ensuite échauffées par l'action du soleil brûlant de l'après-
midi, elles s'étoient enflammées
après la fermentation violente qui
produisoit le bruit qui avoit annoncé le météore avant qu'il
parût. Il se manifesta ensuite par
le feu & la fumée qui en sortirent,
& se termina par une forte détonation qui fut prise pour un coup
de tonnerre.

Combien ne rassembleroit-on pas
de faits & d'observations de ce
genre, qui frappent les sens, qui
surprennent & étonnent, tant qu'on
ne considère que les effets sans remonter aux causes. L'idée que l'on
s'en fait, d'ordinaire chimérique,
ne sert qu'à répandre une terreur
inutile & souvent dangereuse. En
expliquant leurs causes physiques
& méchaniques, l'esprit est éclairé
& satisfait, l'imagination se calme, les craintes diminuent; parce
que ne voyant plus rien que de

naturel dans des phénomènes qui
se présentent toujours avec un appareil imposant, le merveilleux,
le surnaturel que l'on y ajoutoit
s'évanouissent, & on n'y voit rien
de plus à redouter que dans mille
autres opérations de la nature, dont
les effets ne paroissent pas aussi formidables, parce qu'ils s'annoncent
avec moins d'éclat, ou qu'ils sont
moins communs.

## §. XVIII.

### Atmosphère qui attire le ton-nerre.

Il est donc constant qu'il y a des
lieux où la foudre se forme de préférence ; qu'il peut y en avoir sur
lesquels son cours soit dirigé dans
certaines circonstances momenta-
nées ; qui modifient l'atmosphère
de façon à déterminer le cours de
la foudre à un endroit fixe, dès
qu'il se forme un orage dans le
voisinage. On peut prévoir les cau-

ses de ces circonstances jusqu'à un certain point, & par conséquent en prévenir ou en détourner les effets, ou s'y soustraire en s'éloignant de la cause.

Etablissons quelques principes à ce sujet; voyons comment l'atmosphère des corps particuliers, peut être modifiée de manière à devenir inflammable à l'approche du feu, & de-là nous pourrons conclure comment différentes de ces atmosphères réunies de façon à n'en former plus qu'une qui les enveloppe toutes, la chûte de la foudre peut être déterminée sur cette atmosphère locale, ou même s'y former & y causer les plus grands ravages. M. le Cat examinant les causes de l'incendie d'une dame âgée d'environ 80 ans, qui étant assise dans un fauteuil auprès de son feu fut entièrement consumée, malgré les secours que l'on opposa aux flammes qui la dévoroient, fait des remarques à ce sujet, qui me paroissent très-propres à jetter

une nouvelle lumière sur le principe de quelques-uns des phénomènes dont je retrace ici l'histoire.
Il n'y avoit aucune apparence que
le feu du foyer eût atteint les habits de cette dame, qui n'étoit pas
tombée de son siège, & le feu lui-
même n'étoit ni fort grand, ni fort
allumé; mais il est essentiel d'observer que depuis plusieurs années,
l'eau-de-vie faisoit sa boisson principale, & qu'elle en absorboit quatre pots par mois. M. le Cat ayant
été instruit du fait, remarqua d'a-
bord qu'il étoit plus singulier que
neuf, & après en avoir rapporté
quelques exemples, il établit &
prouve par divers phénomènes,
que nous portons tous en nous mêmes un principe d'incendie, que
nous sommes pénétrés, environnés
même d'une matière sulfureuse,
phosphorale, ignée, en un mot
d'un feu subtil, auquel si on en
ajoute de nouveau par l'usage continué des liqueurs spiritueuses,
comme le vin & sur-tout l'eau-de-

vie, il en réfultera autour de nous une efpèce d'atmofphère, prefque auffi inflammable que la matière de l'efprit de vin, qu'embrafe le feu de l'électricité. Cette atmofphère qui s'étend vraifemblablement à plufieurs pieds de diftance de notre corps, ne manquera pas de s'allumer à l'approche d'une flamme quelconque, & de porter l'incendie dans nos liqueurs fpiritueufes auxquelles elle eft continue : cette communication fe fera à peu près comme on voit qu'une lumière qui communique avec la fumée d'une bougie nouvellement éteinte, la rallume dans l'inftant (*a*).

Que l'on ne perde pas de vûe cette caufe donnée d'incendie, qui peut être commune à plufieurs corps rapprochés & modifiés de même, & on y trouvera une grande faci-

---

(*a*) Differtation citée dans l'éloge de M. le Cat, par M. Deformeaux, journal des beaux arts, novembre 1769.

lité pour expliquer la plupart des phénomènes que nous allons rapporter.

Le 28 mai 1767, le tonnerre tomba fur l'églife paroiffiale de *Villa di Stellone*, village fitué près de Carignan en Piémont; il tua fept perfonnes, & en bleffa plufieurs autres. Une vieille femme refta trois jours privée de la vue; fur la fin du troifième jour, elle commença à difcerner les objets placés directement devant fon œil, mais elle ne pouvoit le remuer qu'avec douleur. Le curé qui fut frappé légèrement au pied, eut le lendemain des vomiffemens, & une douleur extraordinaire au pied. Le bruit du tonnerre fut terrible au dehors, cependant toutes les perfonnes qui étoient dans l'églife, furent fi étourdies qu'elles n'eurent que la fenfation d'un petit bruit femblable à celui d'un coup de piftolet. Le curé donna la bénédiction, mais il ne lui refta depuis aucune idée de l'avoir donnée; &

ceux qui transportèrent les cada-
vres hors de l'église ne pouvoient
plus reconnoître le lieu d'où ils les
avoient enlevés. Il paroît que la
foudre étoit d'abord tombée fur le
clocher, qui domine tous les bâtimens voifins, quoiqu'il foit peu
élevé. L'horloge s'arrêta au point
de cinq heures, on la remit en mouvement, & depuis on n'y remarqua aucun dérangement qu'un peu
de retard : il ne plut & il ne tonna
point devant & après le coup de
tonnerre dont on vient de parler.
Le tems étoit couvert de nuages
unis & peu obfcurs, mais il y avoit
à une petite diftance deux nuées
très-chargées, l'une venant du nord
& l'autre du fud-oueft. La veille
on avoit reffenti à Turin quelques
légères fecouffes de tremblement
de terre, qui s'étoient fait fentir
auffi, mais plus fortement dans la
vallée de Lanzo, au nord de Turin.

Quoique l'on annonce, dans le
rapport de ce phénomène, qu'il eft

P iv

probable que le tonnerre tomba d'abord sur le clocher de l'église, ce n'est qu'une suite de l'idée où l'on est que toutes les foudres viennent d'en haut. Il paroît plus vraisemblable que le foyer principal de la matière fulminante étoit dans l'église même, alors remplie d'un peuple nombreux, dont la transpiration ne pouvoit qu'augmenter la quantité des matières sulfureuses, salines & nitreuses qui y étoient déja réunies. Le tremblement de terre de la veille, en avoit peutêtre répandu dans l'air une abondance extraordinaire, dont une partie pouvoit s'être concentrée dans cette église. Nous avons rapporté plus haut que le bruit du tonnerre entendu dans les nuages, a peu de retentissement, il n'est pas étonnant, qu'il n'ait pas semblé plus fort que celui d'un coup de pistolet : l'intérieur de l'église dans ce cas peut être comparé à l'intérieur d'un nuage où la foudre s'allume. Mais la commotion de

l'air qui ne put se porter à l'extérieur n'en fut pas moins violente,
au point qu'elle troubla l'organisation d'une partie de ceux qui y
étoient, assez pour ne leur laisser
aucune idée distincte de ce qui s'é-
toit passé, mais un sentiment vif
de la frayeur & de l'étonnement
dont ils avoient été pénétrés. La
foudre eut des effets différens, re-
latifs à la disposition actuelle des
corps : quelques-uns furent étouffés ; ce furent ceux qui se trouvèrent les plus près de l'endroit de la
dilatation du phlogistique, qui agit
encore par pelottons séparés, à en
juger par la blessure au pied du
curé, & par l'accident arrivé à la
femme dont l'organe de la vue en
fut tellement affecté qu'elle cessa
de voir pendant quelques jours.
L'étonnement & le trouble de ceux
qui enlevèrent les corps n'a rien
de surprenant dans des gens de
cette espèce, sur lesquels la frayeur
d'une mort qu'ils croient prochaine
est capable de causer les effets les

plus marqués. Il est tout naturel encore que dans la révolution subite & extraordinaire qui se fit tout d'un coup dans l'état de l'air renfermé dans l'église, toute sensation distincte ait été interrompue dans ce moment, & pour tous ceux qui y furent exposés. Mais ce que je trouve de plus à remarquer dans ce phénomène, & ce qui me paroît l'avoir occasionné, c'est le passage de deux nuées très-épaisses, en direction contraires, à une petite distance de l'église, sans doute au-dessous des nuages unis & peu obscurs dont le ciel étoit alors couvert. Elles agirent relativement à cette partie de l'atmosphère inférieure, comme le globe de la machine électrique. Non-seulement elles devoient s'électriser l'une l'autre, mais elles devoient encore communiquer la même vertu à l'air sur lequel elles agissoient immédiatement, dans lequel le tremblement de terre de la veille pouvoit avoir porté des particules de ma-

tières métalliques très-atténuées,
& d'autres substances inflammables, au moyen desquelles le fluide
électrique pouvoit aisément se répandre, se développer, & allumer
un phlogistique abondant, déja
concentré & en fermentation, dans
un espace aussi resserré que celui
d'une église remplie de peuple,
dans une saison aussi favorable à
son développement que celle où
arriva le phénomène dont nous
parlons, & dans un pays coupé de
montagnes, où les exhalaisons sont
très-abondantes, sur-tout à la suite
des fortes évaporations du printems. Ajoutons encore que la foudre ne causa aucun dégat dans les
bâtimens, elle ne fit, dit-on,
qu'arrêter l'horloge où elle ne dé-
rangea rien, & qui continua d'aller à l'ordinaire dès que le balan-
cier eut été remis en mouvement,
de sorte qu'il est très-vraisemblable
que la matière qui s'enflamma
n'agit en grande partie que sur la
masse de l'air dont la commotion

fut assez forte pour étouffer tout de suite quelques-uns de ceux qui se trouvoient alors à l'église.

D'autres évènemens de cette espèce s'accordent également à prouver que dans un grand nombre de personnes enfermées dans un même endroit où la foudre éclate, elle n'agit que sur celles dont l'atmosphère particulière est le plus disposée à seconder ses effets. Il semble alors que certains individus soient enveloppés d'une matière inflammable qui les dévore après que la foudre l'a allumée. Le 27 juillet 1769, à Feltri, dans la Marche Trévisane, vers les trois heures après midi, il s'éleva tout-à-coup une tempête horrible, le ciel qui jusqu'alors avoit été très-serein fut obscurci par d'épais nuages, tout l'horison étoit en feu par la multitude des éclairs qui se succédoient sans interruption, & la pluie tomboit avec tant de violence qu'il fut impossible à la plupart de ceux qui étoient sortis de chez eux de

regagner leurs habitations. Plus de
six cens personnes étoient alors
dans la salle des spectacles. La co-
médie n'étoit pas encore au troisième acte, lorsque le tonnerre tomba
sur le théatre par une grande ouverture qui se fit au comble du
bâtiment. La foudre parut sous la
forme d'un boulet de canon du plus
gros calibre. La salle étoit éclairée
par un grand nombre de lumières
qui toutes furent éteintes en un
instant. A un morne silence, premier effet de la frayeur, succédè-
rent bientôt des cris affreux, lorsqu'au retour de la lumière on s'apperçut de l'horrible tableau des
ravages du tonnerre. De tous côtés
on ne voyoit que des hommes,
des femmes ou des enfans privés
de vie ou de sentiment. Six personnes à la fleur de leur âge furent
entièrement réduites en cendres
par le feu du ciel, soixante-dix
autres en furent atteintes, & plusieurs d'entr'elles se trouvoient en
danger de mort. Voilà ce que les

papiers publics nous apprenoient de cet évènement désastreux sur lequel nous allons faire quelques réflexions.

Le sol de toute la Marche Trévisane est l'un des plus abondans en exhalaisons métalliques, sulfureuses & inflammables que l'on connoisse, on en peut juger par la quantité de météores ignées qui y paroissent de tems à autres, dont même plusieurs ont été assez durables : ainsi les orages, toutes choses égales, y doivent être plus violens qu'ailleurs, & les foudres plus fréquentes & plus multipliées, trouvant dans l'atmosphère du pays leur matière très-prochaine. Que l'on considère ensuite à quel degré de raréfaction, doit être l'atmosphère formée par plus de six cens personnes renfermées dans un petit espace, dans la saison de l'année la plus chaude, & à une heure où la plus forte chaleur du jour a encore peu perdu de son intensité ; il en devoit sortir alors des colonnes d'air

très-échauffées, chargées de quantité d'exhalaifons graffes & inflammables, affez épaiffes pour fe conferver telles dans l'air du dehors,
& qui fe trouvant tout d'un coup
preffées par un air plus épais & plus
humide, fous des nuées orageufes
& très-baffes, auront pu fe porter
jufqu'à ces nuées, & déterminer la
chûte de la foudre fur l'endroit
même d'où elles s'élevoient. Quant
aux fix perfonnes réduites en cendres par le feu de la foudre, on
ne peut attribuer ce terrible effet
qu'à la difpofition où fe trouvoit
leur atmofphère particulière, d'être
fufceptible tout d'un coup d'un incendie affez violent pour les en-
velopper de toutes parts d'un feu
dévorant qui les confuma dans l'inftant. Il eft à croire que la frayeur,
la fuffocation, le tumulte, & quelques explofions particulières, des
matières mêmes qui nageoient dans
l'air de la falle, occafionnèrent les
bleffures des autres, que la révolution qu'ils éprouvèrent ne pou-

voit que rendre fort dangereuse.

Nous ne pousserons pas plus loin nos observations sur ces sortes de phénomènes : les explications générales que nous en avons données, peuvent, avec quelques modifications, rendre raison de presque tous ceux de même espèce. J'ajouterai seulement qu'il est très-commun de voir la foudre se montrer sous l'apparence d'un globe de feu dans les endroits fermés ; ce qui semble indiquer qu'elle se forme en partie par la jonction des matières homogènes qui se rencontrent à peu de distance, & que la fulmination suit de près cette union.

## §. XIX.

### Saisons des tonnerres, & leurs causes locales.

Lorsque les saisons dans lesquelles on partage l'année dans la zone que nous habitons, jouissent de la température qui devoit leur

être habituelle ; que l'été eſt chaud
& ſec, que l'hiver eſt conſtamment
froid, & plutôt ſec qu'humide;
les tonnerres ſont plus rares dans
ces ſaiſons que dans les autres. En
hyver l'air eſt épaiſſi par la qualité
des vapeurs dont il eſt chargé ; les
nuages ſont plus ſolides & cèdent
plus difficilement à l'action du
phlogiſtique qu'ils contiennent;
leur ſolidité ne permet pas qu'il ſe
développe & excite aucun mouvement, aucun bruit. Les molécules
ignées qui pourroient ſortir du ſein
de la terre, ou être portées d'un
lieu à un autre par le vague de l'air,
ſont auſſi-tôt interceptées & amor-
ties par la fermeté & la roideur
des particules glaciales qui s'élèvent
de la ſurface de la terre & des
eaux. En hiver l'évaporation eſt
moindre ou ne ſe porte pas ſi haut :
la terre & l'air ſont également re-
froidis : il ſort rarement alors des
cavernes de la terre, de ces vents
chauds qui ſe portent juſqu'à la région des nuages les plus hauts, en

accélèrent la dissolution & les font tomber sur ceux qui font au-dessous.

Cependant il n'est pas rare d'entendre tonner en hiver, & de voir la foudre serpenter dans les airs, frapper les corps & les détruire; c'est alors l'effet d'une température extraordinaire, d'une évaporation locale, abondante, qui a répandu dans l'air quantité d'exhalaisons chaudes & inflammables, que les tourbillons de vent portent assez haut dans l'atmosphère. La cause du bruit que l'on entend & de la fulmination qui le suit, est dans ce cas le mélange des sels & des matières minérales mêlés avec les soufres, qui d'ordinaire cependant, ne s'élèvent pas au-dessus de la surface de la terre, & encore moins de celle des eaux qui sont glacées, mais qui doivent leur dispersion momentanée à des causes qui existent rarement dans cette saison, ou dont il faut chercher l'origine loin du lieu où elles se développent. C'eſt pour cela que dans des ouragans impétueux on voit quelquefois la foudre confondue dans la neige la plus épaiſſe, cauſer des dégats remarquables, & allumer des incendies dans les contrées les plus ſeptentrionales de l'Europe, dès le mois de janvier & de février.

Dans toutes les régions ſituées ſur la mer baltique, il eſt très-rare d'entendre tonner en hiver & en été; c'eſt ce que l'on remarque ſurtout en Dannemarck, & dans quelques provinces voiſines plus méridionales. Mais en Norvège, au-delà du ſoixante-unième degré de latitude, & juſque ſous le cercle polaire, il tonne en tout tems, & jamais plus que lorſque le ſoleil ſe trouve dans le tropique du capricorne, non par les ſuites d'une évaporation qui ſoit propre à ce pays ſec & aride, & alors enchaîné ſous les glaces de l'hiver le plus rigoureux. La matière de ces tonnerres y eſt apportée de plus loin, & vient des éruptions de l'Hecla, volcan de l'Islande, qui forment des courans de substances sulphureuses & inflammables que les vents du nord qui règnent alors, dirigent au-dessus du sol de la Norvège où ils viennent s'arrêter dans un air condensé par le froid le plus violent (a). Ils se replient sur eux-mêmes, & ne pouvant se disperser dans l'atmosphère, ils se heurtent, & par leurs chocs détachent quelques parties des sels & des nitres dont l'air glacial est rempli, & qui facilitent les embrasemens aériens, les détonations fréquentes ; en un mot, les éclairs, les tonnerres & les foudres qui n'existeroient peut-être jamais dans cette région, si les vents n'en apportoient la matière du volcan de l'Islande.

C'est sans doute à des causes semblables qu'il faut attribuer ces tonnerres effrayans, ces foudres ar-

***

(a) Observat. d'Erasme Bartholin, dans les actes de Copenhague, tom. 4. an. 1676.

dentes qui se mêlent aux neiges &
aux glaces dans le fort de l'hiver ;
ou bien on doit supposer qu'un phlogistique d'une force extraordinaire,
s'élève du sein de la terre, & se répand dans l'air où il excite les plus
grands mouvemens, par la résistance
qu'il trouve à se développer.

Le 16 janvier 1770, à Chemnitz
en Hongrie, on essuya plusieurs
coups de vent d'une force inégale,
& le tems fut si couvert pendant
toute la journée, qu'on ne vit pas
plus clair qu'il le fait ordinairement
pendant le crépuscule. A six heures, la nuit étant des plus obscu-
res, le vent augmenta beaucoup,
& il tomba en abondance de la
neige mêlée de pluie jusqu'à huit
heures. Alors il s'éleva un ouragan
impétueux, qui enleva les toits,
renversa plusieurs maisons, déracina
quantité d'arbres, & dura jusqu'à
neuf heures moins un quart. A neuf
heures le ciel parut s'entr'ouvrir,
& il en sortit des éclairs aussi vifs
que dans les plus grandes chaleurs

de l'été ; la foudre tomba ſous la
forme d'un globe de la groſſeur d'un
tonneau, & pendant que cette énorme maſſe de feu traçoit un ſillon
enflammé dans les airs, on entendit un ſifflement aigu qui fut ſuivi
d'une explofion ſemblable à celle
du tonnerre le plus violent. La tour
de la principale égliſe fut endommagée par la chûte du globe, mais
le feu ne s'y communiqua point.
L'ouragan dura juſqu'à minuit &
fut terminé par beaucoup de neige
& une forte gelée. Le phlogiſtique
avoit perdu ſes forces en ſe diſſi-
pant, le calme ſe rétablit, & la ſaiſon rigoureuſe rentra dans ſes droits.
Tout ce qu'il y eut d'extraordinaire
dans ce phénomène, c'eſt qu'alors
il y eut aſſez de matière ignée répandue dans l'atmoſphère pour exciter un mouvement auſſi impétueux, & cette eſpèce de fermentation qui fut cauſe de l'obſcurité
du jour précédent : c'eſt cependant
ce qui ſe renouvelle de tems en
tems & dans tous les climats ; ſi on

avoit une suite d'observations exactes, elles ne laisseroient aucun doute à ce sujet : mais le peuple qui veut trouver des causes cachées à tout, prétendoit avoir raison d'attribuer l'origine de ces ouragans extraordinaires à la comète de 1769.

Dans l'été, proprement dit, les exhalaisons de la terre chaudes & sèches se dissipent avant que de s'être rassemblées, ou si elles se réunissent, elles ne forment que quelques nuages légers sans force & sans activité, qui se résolvent en pluies passagères ou en rosées. Ils ne peuvent résister ni au mouvement établi dans l'air, ni à la sécheresse qui y domine. C'est pourquoi tous les pays naturellement secs & chauds ont rarement du tonnerre, & ne connoissent pas les terribles effets de la foudre comme les pays tempérés : & même parmi ceux-ci, il y en a quelques-uns où l'air, toujours sec & pur, semble être un obstacle à la formation des nuées d'où sortent les orages. Rien n'est

plus rare que de voir le ciel de la
Perse obscurci par des nuages : les
plaines de la grande Tartarie situées
au milieu de la zone tempérée &
plus près encore de l'équateur en
sont exemptes : il tonne très-rarement dans la basse Egypte : les dé-
serts arides de l'Afrique souhaitent
ces orages que nous redoutons, parce
qu'ils y porteroient des rafraîchis-
semens salutaires. En général toute
l'Afrique & l'Asie méridionale,
c'est-à-dire, les régions voisines de
la mer rouge, de l'Afrique, & du
golfe Persique ne sont pas exposées
au tonnerre & à la foudre ; mais
aussi elles ne jouissent pas de la fertilité que leur procureroient les
pluies qui les accompagnent d'ordinaire. Il ne tonne presque jamais
dans toute la partie méridionale de
l'Afrique, si ce n'est dans la saison
pluvieuse : M. l'abbé de la Caille
n'a entendu tonner que sept fois
au cap de Bonne-Espérance, depuis
le 19 avril 1751, jusqu'à la fin de
décembre 1752. On y voit peu
d'éclairs

d'éclairs fur l'horizon par un tems chaud & ferein, comme cela arrive fréquemment en Europe. S'il y paroît quelques-uns de ces météores légers fans tonnerre, c'eft par un rems couvert & pluvieux, & encore très-rarement. Toute la côte du Pérou qui s'étend depuis le tropique du capricorne jufqu'à l'équateur n'a jamais de tonnerre, & très-rarement de la pluie. Les habitans de Lima, qui vont pour la première fois à Quito ou dans le pays des vallées, font faifis de la plus grande frayeur lorfqu'ils entendent le tonnerre, ou qu'on leur parle des effets redoutables de la foudre qui y font prefque journaliers, ainfi que dans une grande partie des côtes orientales de l'Amérique. En général, dans toutes les régions fituées entre les tropiques, les orages & les tonnerres font auffi rares dans la faifon sèche que l'on peut regarder comme leur hiver, qu'ils font communs dans la faifon pluvieufe.

*Tome VIII.*　　　　　Q

C'est donc au printems & en Automne, & dans le tems de ces deux saisons qui se rapproche le plus de l'été, que les tempêtes sont les plus fréquentes, sur-tout dans nos contrées. Alors les causes efficientes de l'hiver & de l'été prennent de nouvelles modifications. Au printems les vapeurs roides & glaciales de l'hiver, adoucies par l'action du soleil & par la qualité des exhalaisons que rendent la terre & presque tous les corps dont elle est couverte, cèdent plus aisément aux impressions du phlogistique, qui trouve dans l'humidité qui règne alors, plus de facilité pour se répandre également. En automne le mouvement & la chaleur qui agitoient les exhalaisons, étant diminués, elles sont moins atténuées, mêlées d'une plus grande quantité de vapeurs aqueuses desquelles elles se séparent plus difficilement, & dès-lors elles se réunissent plus aisément dans les nuages où se forment les tonnerres, & d'où sortent les foudres.

Ainſi nous voyons que les orages les plus violens, au moins dans
les provinces que nous habitons,
arrivent à la fin de mai, dans le
mois de juin, ou au commencement de juillet. Dans cet eſpace
de temps, la terre échauffée inſenſiblement par les rayons du ſoleil,
rend plus d'exhalaiſons & de vapeurs. Les nuages quoique moins
condenſés qu'en hiver contiennent
plus de matières inflammables : il
ſe forme même des courans de particules graſſes, nitreuſes, ſalines,
ſulphureuſes, qui, mêlées d'une humidité encore abondante, ſe répandent à différentes hauteurs de l'atmoſphère, ſe fixent ſur certains
corps qu'ils pénètrent ou qu'ils enveloppent. Dans le moment des
orages, lorſque toutes ces matières
reſſerrées dans un eſpace circonſ-
crit, ſont portées à une grande fermentation, elles s'enflamment; leur
action ſe joint à celle des feux qui
s'allument dans l'air, & il en réſulte les plus grands déſaſtres ſur

les contrées dans lesquelles ces orages éclatent. Des chaleurs préma-
turées, des plus grandes émanations
du fluide ignée terrestre peuvent occasionner ces effets même avant le
terme que nous leur avons fixé d'a-
près les observations , & l'état ordinaire de la température propre à
chaque saison.

La nuit du 14 au 15 avril 1718 ,
il y eut en Basse-Bretagne un tonnerre extraordinaire dont M. Deslandes donna la relation à l'académie des sciences de Paris. Il fut
précédé par des orages & des pluies
qui avoient duré, presque sans interruption , pendant plusieurs jours.
Enfin vint cette nuit du 14 au 15 ,
qui se passa presque toute en éclairs
très-vifs & très-fréquens. Des matelots qui étoient partis de Landerneau dans une petite barque, éblouis
par ces feux continuels , & ne pouvant plus gouverner , se laissèrent
aller au hasard sur un endroit de la
côte qui , par bonheur , se trouva
saine. A quatre heures du matin il

fit trois coups de tonnerre si horribles que les plus hardis en frémi-
rent. Environ à cette même heure,
& dans l'espace de côtes qui s'é-
tend depuis Landerneau jusqu'à S.
Pol de Léon, le tonnerre tomba
sur vingt-quatre églises, & précisément sur celles où l'on sonnoit
pour l'écarter. Les églises voisines
où l'on ne sonna point furent épar-
gnées : le peuple s'en prit à ce que
ce jour-là, c'étoit celui du vendredi
saint auquel il n'est point permis
de sonner. Mais M. Deslandes en
donne une raison plus vraie, c'est
que les cloches qui peuvent écarter
un tonnerre éloigné, facilitent la
chûte de celui qui est proche & à-
peu-près vertical, parce que l'ébranlement qu'elles communiquent à
l'air dispose la nuée à s'ouvrir.

Il eut la curiosité d'aller à Gouef-
non, village à une lieue & demie
de Brest, dont l'église avoit été entiérement détruite par le tonnerre.
On avoit vu trois globes de feu de
trois pieds & demi de diamètre cha-

cun, qui, s'étant réunis, avoient pris leur direction vers l'église, d'un cours très-rapide. Ce gros tourbillon de flammes la perça à deux pieds au-dessus du rez-de-chaussée, sans casser les vîtres d'une très-grande fenêtre peu éloignée ; il tua dans l'instant deux personnes, de quatre qui sonnoient, & fit sauter les murailles & le toît de l'église, comme auroit fait une mine ; de sorte que les pierres étoient semées confusément à l'entour, quelques-unes lancées à vingt-six toises, d'autres enfoncées en terre de plus de deux pieds. Des deux hommes qui sonnoient dans ce moment-là, & qui ne furent pas tués sur le champ, il en restoit un que M. Deslandes vit ; il avoit encore l'air tout égaré, & ne pouvoit parler sans frémir de tout son corps. On l'avoit retiré plus de quatre heures après l'accident de dessous les ruines qui l'enséveliffoient, & il étoit sans connoiffance. M. Deslandes n'en put tirer autre chose, sinon qu'il avoit vu tout-d'un-coup l'église en feu, & qu'elle étoit tombée en même-tems. Son compagnon de fortune avoit survécu de sept jours au même accident; il n'avoit aucune contusion apparente, & ne se plaignoit d'aucun mal que d'une soif ardente qu'il ne pouvoit calmer. (*V. les mém. de l'acad. des sciences,* an. 1719.)

Sans doute que les premiers jours du printems de cette année avoient été aussi chauds qu'humides, pour fournir à une évaporation aussi prodigieuse; & que les vents soufflant en même direction avoient accumulé les vapeurs & les exhalaisons à-peu-près sur une même ligne, puisqu'elles produisirent tant de foudres, qui eurent leur effet marqué dans le même-tems. Cependant on n'entendit que trois coups de tonnerre bien distincts, & il y eut vingt-quatre églises foudroyées à la même heure. Peut-on supposer que toutes ces foudres soient parties des nuages en même - tems?

Cela peut être; mais on auroit peine
à en citer d'autres exemples; & un
phénomène unique ne doit pas empêcher que l'on n'admette dans l'air
inférieur des amas de matières inflammables & fulminantes, très-
disposées à éclater par l'état actuel
de l'atmosphère, & que la commotion violente que donnèrent à l'air
ces coups de tonnerre si effrayans,
portèrent de toutes parts à un incendie qui se développa en même-
tems.

Quant au désastre causé dans l'é-
glise de Gouesnon, on ne doit l'attribuer qu'à la quantité de matière
fulminante réunie dans un même
endroit & qui agit de la manière
la plus forte. Le phlogistique y étoit
très-abondant & mêlé d'une grande
quantité de sels volatils répandus
dans l'air. A en juger par l'altération qui resta à un des sonneurs,
il respira tout-d'un-coup un air enflammé qui porta dans toute sa cons-
titution animale un feu qu'il ne
put jamais éteindre. Le voisinage

de la mer où les émanations font plus abondantes que par-tout ailleurs, où les exhalaiſons bitumineuſes ſont très-propres à rendre les foudres plus actives & plus dévorantes, ne pouvoit qu'avoir contribué à leur multiplication dans un ſi petit eſpace. L'atmoſphère inférieure de ces cantons devoit déjà être fort échauffée par l'émanation du fluide ignée terreſtre, qui n'eſt jamais plus ſenſible que dans les premiers tems où le ſein de la terre s'ouvre, après que l'hiver a ceſſé.

Mais il n'en eſt pas de même de la moyenne région, les nitres, les ſels, les ſoufres qui s'y élèvent inſenſiblement avec les vapeurs aqueuſes, s'y trouvant dans une température beaucoup plus froide que celle par où ils ont paſſé d'abord, ſe reſſerrent, ſe condenſent & retombent en pluies abondantes dès qu'ils reſtent peu de tems ſuſpendus en l'air. Les exhalaiſons n'ont pas le tems de ſe ſéparer des vapeurs, de se réunir, de fermenter & de produire par leurs mouvemens contraires les météores formidables dont nous parlons. La quantité d'eau dont elles sont enveloppées, les reporte bientôt à la surface de la terre d'où elles sont sorties; il faut qu'elles puissent se séparer par une suite de mouvemens & d'opérations dont le secret est réservé à la nature.

Car il se fait dans l'air des opérations chymiques aussi bien que dans les laboratoires, & souvent elles sont très semblables. Le tonnerre n'est qu'une inflammation causée par le mélange d'une matière sulfureuse avec un esprit acide, dans une juste proportion; mais comme ce mélange ne se trouve pas toujours dans cette proportion, c'est ce qui fait que l'existence de ces matières dans l'atmosphère ou dans les nuées, ne produit pas toujours des tonnerres & des foudres. Souvent elles semblent se dissiper en éclairs; quelquefois elles ne font qu'accélérer la diſſolution des nuées en pluie, d'autres fois, & toujours trop ſouvent, elles condenſent les vapeurs, & en forment ces grêles meurtrières, le plus deſtructif des météores. Dans les opérations de la chymie, ces deux matières mêlées enſemble, ayant été une fois enflammées ſe diſſipent abſolument, il ne peut plus ſe faire de fermentation ou de fulmination ſans de nouvelles matières. Il n'en eſt pas de même des opérations de la nature. On voit ſouvent s'échapper d'une même nuée un grand nombre d'éclairs les uns après les autres, qui marquent autant d'incendies différens; il en ſort des foudres multipliées, au point que l'on ne conçoit pas comment le peu de matière que l'on ſuppoſe raſſemblée dans une nuée de médiocre étendue, peut les produire, ni comment après tant d'incendies, il ſe fait encore d'autres embraſemens naturels. M. Homberg prétendoit que les mêmes matières qui par leur

union fermentent, s'allument, &
ſe ſéparent auſſi-tôt à la ſuite de
cette inflammation, peuvent ſe rejoindre de nouveau, s'enflammer
encore & ainſi pluſieurs fois de
ſuite.

Quelle que ſoit la diviſion de la
matière, ſes molécules élémentaires
ſe ſéparent, mais ne ſe perdent ni
s'altèrent point. D'ailleurs dans un
air ainſi modifié, l'évaporation peut
fournir encore une nouvelle matière très-atténuée, qui ſe porte
toute à la même hauteur, & qui
ſerve à la continuation de ces incendies. C'eſt ce qui ne peut ſe faire
dans les couches de l'atmoſphère
les plus voiſines de la ſurface de la
terre, parce que d'ordinaire ces
mêmes matières y ſont trop con-
denſées, pour ne produire que des
phénomènes auſſi légers : elles forment, ou ces météores ignées, ardens, d'un volume conſidérable
qui roulent à peu de diſtance de la
terre, ou des foudres plus dangereuſes. Ces ſubſtances enflammées

& devenues dès lors très-rares & très-légères, sont dans cet état portées par l'air inférieur, qui est beaucoup plus pesant qu'elles, à une région plus élevée, où elles se trouvent en équilibre avec un air plus délié dans lequel elles se dissipent. Mais si ces mêmes exhalaisons, que la chaleur a fait sortir du sein de la terre, s'élèvent sans être atténuées jusqu'à cette région de l'équilibre ; c'est-là qu'elles s'enflamment, qu'elles se dilatent sans se séparer, & que se réunissant de nouveau, elles occasionnent d'autres incendies qui se succèdent jusqu'à ce qu'un air plus pesant ne les fasse monter encore plus haut, où elles deviennent insensibles ; ou que la pluie ne les précipite dans sa chûte à la surface de la terre & n'en nettoie l'air. Ce sont ces dispositions différentes des diverses couches de l'air qui contribuent à multiplier les foudres, en les renouvellant avec la même matière. Souvent l'air inférieur est si épais qu'elles ne peuvent le pé-

nètrer, elles rejailliſſent à leur fource, pour en ſortir de nouveau,
réunies à d'autres matières qui les
rendent plus dangereuſes & plus
actives. C'eſt ce qui fait que les
nuées d'orage qui ne ſont pas bientôt terminées par une pluie abondante, portent au loin leurs ravages ; les foudres ſemblent s'y multiplier ſous la direction des vents ;
elles ſont formidables, ou du moins
très-effrayantes, juſqu'à ce que la
pluie n'annonce la diſſolution des
nuées d'où elles ſortent ; & dans
ces circonſtances il n'eſt pas rare de
voir la foudre s'échapper par le
côté d'où la pluie ne tombe pas
encore. ( *V. les mém. de l'acad. des
ſciences, an.* 1708. )

Quand il règne dans l'été un vent
de ſud, qui preſque toujours eſt
chaud & humide, les pores de la
terre ouverts de tous côtés, fourniſſent la matière d'une abondante
évaporation. Il s'en exhale des ſubſtances propres à produire la foudre,
qui s'embraſent aiſément & dé-

tonnent avec la plus grande facilité.
Les vents de sud & d'ouest régnè-
rent constamment pendant le mois
d'août 1750 : l'air étoit humide &
sembloit avoir perdu une partie de
son ressort : la chaleur étoit acca-
blante & se soutenoit au même degré. Le ciel fut presque toujours
chargé de nuages épais, qui donnoient alternativement de la pluie
& de la grêle : presque tous les
jours on entendit le bruit du tonnerre, & très-souvent on vit la foudre frapper des édifices, & renverser des arbres, aux environs de Dijon. Pendant tout ce mois la température fut assez égale, les mêmes
vents dominèrent, & l'état de l'air
ne changea point. La sérénité ne se
rétablit qu'à la fin d'août, & la
belle saison dura pendant la plus
grande partie du mois de septembre. Les mêmes vents de sud &
d'ouest dominèrent depuis la fin de
juin 1768, jusqu'à la fin d'août;
dans cet espace, il y eut de fréquens
tonnerres, des pluies & même de

la grêle, & quelques inftans d'une chaleur affez vive : mais l'humidité qui fe fit fentir pendant tout le cours de cet été arrêta les effets les plus marqués de la faifon chaude, on ne recueillit les grains qu'avec peine, & la vendange ne vint pas à fon degré de maturité, au moins en Bourgogne. Il en a été à peu près de même pendant l'été de 1769, & la température n'a pas été plus favorable en 1770, parce que les mêmes vents ont prefque toujours dominé, excepté pendant le mois d'août.

Par la raifon contraire à celle que nous venons d'établir, le tonnerre ne fe fait entendre que très-rarement lorfque les vents du nord règnent : ils portent avec eux un principe de froid qui refferre les pores de la terre, empêche que les exhalaifons propres à produire la foudre ne s'élèvent de fon fein, ou condenfe celles qui font répandues dans l'atmofphère au point qu'elles ne peuvent plus fe raréfier affez pour arriver au degré de chaleur où elles doivent être pour engendrer des météores ignées. C'eft pourquoi il ne tonne prefque jamais dans le Groenland & à la baie de Hudfon. Dans cette dernière région où la chaleur n'a quelque activité que pendant cinq ou fix femaines, s'il s'y forme des orages accompagnés de tonnerre, ils font plus vifs & plus forts que dans aucun autre climat connu; & il n'eft pas rare de voir la foudre mettre le feu dans les forêts; mais ce n'eft en quelque forte qu'une flamme électrique fi légère, qu'elle ne confume que les mouffes & les écorces des bouleaux & des autres arbres de cette efpèce, que la rigueur du froid & l'humidité a comme détachées du corps de l'arbre; ce qui a fon utilité pour ce pays en rendant le bois plus fec & d'un meilleur ufage pour fe chauffer pendant le long hiver qui s'y fait fentir. Il eft très-rare qu'il tonne en Irlande, l'air y eft habi-

tuellement trop humide ; & le
fol, couvert de grands lacs & de
forêts, n'envoie dans l'air que des
vapeurs aqueufes & très-peu d'exhalaifons , le climat en eft plus
froid que chaud. Si les chaleurs
étoient moins vives en Egypte &
en Ethiopie , on pourroit dire que
les inondations du Nil font caufe
qu'il n'y tonne que très-rarement :
mais dans les Indes orientales où la
température eft à-peu-près la même , pendant la faifon pluvieufe ,
& lorfque les terres font fous l'eau,
les tonnerres & les orages font très-
fréquens. Que conclure de ces obfervations différentes ? finon que
les tonnerres & les foudres ne font
pas feulement produits par la chaleur & les exhalaifons qui fortent
de la terre & roulent dans l'atmofphère avec les nuages , mais par le
concours de quantité d'autres circonftances dont la plûpart nous font
inconnues , & dont les effets fe
développent tantôt d'un côté tantôt d'un autre , fe fixent même

dans certains cantons où ils paroissent retenus pendant plusieurs
jours de suite, & se manifestent
par des orages qui se succèdent;
de sorte que l'un paroît être la génération de l'autre, jusqu'à ce que
l'état de l'air ne change entièrement.

## §. XX.

*Suite des observations précé-*
*dentes; état de la terre pen-*
*dant l'été; régions où les*
*tonnerres sont fréquens.*

Après que les premières chaleurs
du printems ont dépouillé la terre
de cette grande humidité que la
fonte des neiges & les pluies qui
la suivent y ont répandue; si la
sécheresse dure quelque tems, on
la voit se fendre en plusieurs endroits : elle semble ouvrir son sein
pour faciliter la sortie de quantité
de vapeurs & d'exhalaisons qui s'é-
lèvent à différentes hauteurs de

l'atmosphère, s'y difperfent où fe réunissent en masses flottantes, légères, souvent infenfibles, que l'action des vents, le froid de la nuit, ou celui des hautes régions de l'air condenfent davantage & rendent propres à contribuer à la formation des tonnerres & des foudres. On doit s'y attendre & les regarder comme prochains dans les calmes de l'été, lorfque l'air paroît n'avoir plus de mouvement, & que la chaleur eft étouffante. L'évaporation eft alors abondante & directe, la quantité du phlogiftique répandu dans l'atmofphère ôte à l'air tout fon reffort; on ne refpire plus. Cependant le ciel eft encore ferein : c'eft que dans cet état les vapeurs & les exhalaifons font portées à une très-grande hauteur : en quelque quantité qu'elles foient la chaleur les atténue au point de les rendre infenfibles, jufqu'à ce qu'une autre température ne contribue à les réunir & à en former des nuées d'orage. C'eft

quelquefois l'affaire d'un moment,
tout l'horifon vifible fe couvre
promptement de nuages, les éclairs
brillent & annoncent une fermentation bien établie, le tonnerre fe
fait entendre ; & fi l'air eft alors
plus fec qu'humide, fi ces nuées
ne fe diffolvent pas bientôt en
pluies fortes qui entraînent les exhalaifons dans leur chûte, des
foudres multipliées fuivent de près
& fe renouvellent jufqu'à ce que
la matière propre à les former ne
foit entièrement diffipée, ce qui
paroît quelquefois très-long. C'eft
ce que l'on doit attendre des calmes de l'été & des chaleurs violentes qui les accompagnent, à
moins qu'un vent impétueux ne
vienne divifer les nuées épaiffes
defquelles devoit fortir la tempête
& n'emporte ailleurs la matière.

Nous avons déja parlé des calmes de mer, des caufes qui les
produifent & de la manière dont
ils fe terminent : ceux de terre leur
reffemblent beaucoup, mais ils

n'ont pas des régions où ils s'éta-
bliſſent d'ordinaire, & où l'on ſoit
preſque aſſuré de les rencontrer,
comme ſur mer près des côtes de
Guinée, dans quelques parages de
la mer du ſud, & dans toutes les
latitudes voiſines de l'équateur. Ils
ne ſont pas même bien fréquens
dans notre zone tempérée : mais
entre les tropiques, ſur-tout dans
la ſaiſon pluvieuſe, ils ſe renouvellent ſi ſouvent, que dans l'eſpace de vingt-quatre heures il arrive d'avoir pluſieurs calmes ſuivis de tempêtes. Le long de la côte
de Malabar, à Sumatra, dans tout
l'Archipel oriental, à Carthagène,
à Porto-Belo, à Saint-Domingue
& dans les autres Antilles, dans
l'intérieur des terres de l'Amérique, pendant le tems des pluies,
ces alternatives de calmes pendant
leſquels on étouffe de chaleur &
de tempêtes qui ſe ſuccèdent très-
promptement, produiſent dans
l'air des révolutions ſi fortes & ſi
fréquentes, que peu d'Européens

peuvent s'y accoutumer : leur santé en est presque toujours altérée, quelques précautions qu'ils prennent : beaucoup en périssent, & tous sont exposés à des fièvres violentes, que l'on peut regarder comme endémiques à ces régions. Dans la Guyane l'inconstance du climat est telle que, quoiqu'il y ait quatre saisons bien décidées, elles se font néanmoins sentir toutes quatre dans un même jour ; les vents y sont fréquens & impétueux, les tonnerres très-violens ; & souvent au milieu de la plus grande sérénité, on voit presque tous les météores se réunir tout-à-coup, se combattre & conspirer à la destruction des habitans des colonies de cette région de l'Amérique, si fertile par elle-même & si riche ; mais dont les variations continuelles rendent l'air plus mal sain que dans aucune autre partie du monde connu.

Quand les chaleurs de l'été sont pleinement établies dans nos climats, & que dans la zone torride, la ſaiſon ſèche a ſuccédé à la ſaiſon humide, le ſoleil par ſon action vivifiante met toute la nature dans une eſpèce d'équilibre, que l'on peut comparer à un ſilence reſpectueux. Il ſemble que la terre reçoive alors ſes rayons qui la fécondent avec une ſoumiſſion qui annonce le beſoin qu'elle en a. Ils ſont le principe de ſa fertilité, l'ame du monde matériel qui ſe renouvelle dans cette ſaiſon, & qui fait proviſion des forces qui lui ſont néceſſaires pour lutter avec quelque avantage dans nos climats contre la dureté de l'hiver & ſes frimats, & n'en être pas anéantie : dans d'autres régions, pour n'être pas étouffée ſous les déluges d'eau dont elle eſt inondée pendant une partie de l'année.

Dans ces tems de ſéchereſſe & de chaleur, la terre ſubjuguée ne ſemble plus capable que d'ouvrir ſon ſein à l'action violente & redoublée des rayons du ſoleil : la

végétation

végétation s'affoiblit , ou n'a plus
que des progrès infenfibles : la mère
commune toute occupée de la pré-
fence de l'aftre brillant qui la domine , oublie le foin de fes productions , elles languiffent & ne
reçoivent plus affez de fucs nour-
riciers pour fe foutenir dans leur
vigueur ordinaire. Ce n'eft que
lorfque cet aftre majeftueux a difparu pour quelques heures , que la
terre leur rend une nourriture néceffaire. Alors la nature rentre dans
fes droits , la végétation fe fait
avec plus de force & de promptitude , les plantes font plus vigou-
reufes , les fleurs rendent une odeur
plus fuave & qui fe répand au
loin : les fruits fe colorent , s'a-
molliffent, prennent cette fraîcheur
délicieufe , ce teint agréable , cette
fleur attrayante que les premiers
rayons du foleil perfectionnent &
rendent plus vive, mais que l'ardeur du midi vient encore détruire. Dans ces inftans la nature tombe de nouveau dans cette douce

*Tome VIII.*       R

quiétude, cet anéantiſſement qui
ſuccède à une ſatisfaction vive &
qui en fait ſentir les douceurs.

Ce n'eſt qu'à cette chaleur conſ-
tante qui abſorbe l'humide radi-
cal ſurabondant & le principe vi-
vifiant de certaines plantes, que
nous devons les récoltes heureuſes
& la conſervation de ces fruits
précieux de la terre, qui ſont d'une
néceſſité première. Il faut que le
degré néceſſaire de ſéchereſſe lés
ait tirés de la claſſe ordinaire des
végétaux & réduits à un état d'i-
nertie pour arriver à ce point de
maturité qui en aſſure la durée &
la ſalubrité.

Mais comme toutes les productions de la terre ne ſont pas d'une
même nature, & qu'il faut une
température différente pour la perfection d'autres fruits, à meſure
que les rayons du ſoleil deviennent
moins ardens, la terre ſemble ſe
ranimer & donner de nouvelles
preuves des principes de féconda-
tion qu'elle a reçus pendant l'été.

A la fin de cette saison, en même tems que l'on voit les campagnes & les forêts se parer d'une seconde verdure, les exhalaisons de la terre & des eaux deviennent plus abondantes, les nuages qui se forment ont plus d'épaisseur & de solidité. Ils sont annoncés d'abord par les brouillards légers qui s'élèvent des terres basses & humides, les couvrent à une hauteur médiocre, & qui vûs des hauteurs ressemblent à des petites mers d'argent, doucement agitées par le souffle des zéphirs, sur-tout lorsqu'ils sont éclairés par les premiers rayons du soleil qui d'ordinaire les divise & les dissipe lorsqu'il approche de son midi. C'est dans ce même tems que l'on voit le plus de ces météores ignées, de ces feux folets qui voltigent sur les mêmes terres, d'où sont sortis le matin les brouillards légers. C'est alors encore que les effets de l'évaporation se manifestent par des nuages plus épais chargés d'une plus grande quantité

de vapeurs & d'exhalaiſons inflammables, qui produiſent les pluies,
les orages & les foudres de l'automne, moins dangereux que ceux
du printems, parce que les vapeurs
qui ſe répandent à la ſuite de l'été
& dans le cours de l'automne, ſont
moins épaiſſes, moins ténaces,
moins chargées de ſels & de nitres
que celles qui s'élèvent au commencement du printems. On peut
en juger par les effets des orages
qui ſe font à la fin de l'automne
comparés avec ceux qui arrivent aux
mois de mai & de juin, & établir
là-deſſus une théorie générale à laquelle quelques évènemens particuliers ne doivent pas déroger. Les
grands orages que l'on éprouva dans
le mois de novembre 1766 à Nar-
bonne, à Cette & dans d'autres
parties du Languedoc furent plus
effrayans que dommageables. D'ailleurs ils furent accompagnés d'i-
nondations violentes, & peut-être
de tremblemens de terre ou de
quelques révolutions arrivées dans

le sein des mers voisines, qui les rendirent beaucoup plus nuisibles qu'ils n'auroient été sans ces phénomènes extraordinaires.

On voit par tout ce que nous venons de dire, pourquoi dans les régions qui jouissent d'une température douce & à peu près égale, où le sein de la terre n'est jamais totalement resserré par les rigueurs de l'hiver, où les chaleurs de l'été sont tempérées par des nuages épais, par quelques pluies, des rosées abondantes ou des vents de mer frais & humides, les orages sont plus fréquens que dans les zones plus froides ou plus chaudes. En Italie, à Rome & dans les cantons voisins, les tonnerres & même la grêle sont assez communs en hiver. J'y ai vu dès le mois de février (1762) des orages assez violens accompagnés d'éclairs, de tonnerre & de grêle, mais peu compacte. Quelques jours après sur les confins du royaume de Naples & de l'Etat ecclésiastique du côté de Ter-

racine, une nuée très-considérable
répandue autour du sommet d'une
des montagnes le long desquelles
s'étendent les marais Pontins, donnoit un tonnerre continuel & un
feu éclatant ; j'en vis sortir très-
distinctement la foudre & tomber
sur quelques troncs d'oliviers qu'elle
fit sauter en éclats sans les enflammer ; une grosse pluie qui dura
peu, fut le seul effet de cette nuée
dans le chemin qui passe au bas
de la montagne. Le 24 mars suivant il y eut une tempête violente
à Naples, le vent & la foudre y
renversèrent le beau clocher de
l'église royale appellée *il Carmine*,
détruisirent une partie de la voûte
de l'église, & tuèrent plusieurs des
religieux qui faisoient alors l'office
du matin. Cet orage fut l'un des
plus terribles que l'on eût éprouvé
depuis long-tems à Naples, les effets de la foudre n'y sont pas ordinairement si funestes. Depuis ce
tems jusqu'au plus fort de l'été,
il y eut quelques autres orages ac-

compagnés de tonnerre & d'éclairs,
mais sans doute qu'ils n'eurent rien
d'aussi frappant que celui que nous
venons de citer, car on ne parla
pas de leurs ravages. A la fin de
mai de la même année, après une
sécheresse constante pendant plus
de six mois, le ciel s'obscurcit à
Venise, tout l'horison fut couvert
de nuages épais, le tonnerre se fit
entendre, les éclairs redoublés bril-
loient de toute part, on s'atten-
doit à un orage terrible qui se termina par quelques heures de pluie,
que l'on desiroit depuis si long-
tems. Dans le même tems une partie considérable du Bergamasque
fut ravagée par une grêle affreuse.

De toutes ces observations il résulte que les tonnerres ne sont jamais plus fréquens que dans les
températures moyennes entre la
chaleur de la zone torride & le
froid des terres polaires. C'est pour
cette raison qu'il tonne plus fréquemment à Rome & dans toute
la partie de la campagne qui s'é-

tend depuis là à Naples, que dans le reste de l'Italie; & dans toutes les saisons de l'année indifféremment; en hiver à cause de son peu de rigueur; en été à cause des nuages épais, des rosées abondantes & des vents frais & humides qui s'y font sentir. Car si l'ardeur des rayons du soleil absorbe toute cette humidité radicale, si la chaleur devient violente & cause une longue sécheresse, alors il n'y a plus de ces nuages rafraîchissans qui produisent aussi des orages & des tonnerres, parce que la température est totalement changée. C'est ce qui arrive quelquefois à Rome dans les mois de juillet & d'août, & même pendant une partie de septembre, où plus la chaleur est vive, plus l'intempérie est dangereuse. Les rosées abondantes du soir & du matin n'apportent plus un rafraîchissement salutaire, elles ne sont plus composées que d'exhalaisons âcres, nuisibles à la santé des naturels du pays & souvent peſtilentielles pour les étrangers. On éprouve les mêmes inconvéniens à Piſe & dans toutes les contrées de l'Italie où la température eſt en hiver ſi douce & ſi agréable.

Dans la plaine de Lombardie, particulièrement à Milan & dans le voiſinage, les orages de la fin du printems y ſont d'ordinaire de la plus grande violence, & toujours accompagnés de la chûte de la foudre, dont on remarque les veſtiges ſur quantité d'édifices, entr'autres ſur l'égliſe cathédrale. La poſition de cette ville dans une plaine fertile, bien cultivée, arroſée d'une multitude de canaux où l'évaporation doit être prodigieuſe & porter dans l'atmoſphère quantité de matières nitreuſes, graſſes & ſulphureuſes, donne lieu à la formation des nuages épais, ſolides, ténaces, qui contribuent d'autant plus aux éruptions violentes de la foudre, qu'ils réſiſtent plus long-tems aux efforts réitérés des matières en fermentation qu'ils

R v

renferment, avant qu'elles puiffent les rompre & s'échapper dans un
air plus libre. Ces nuages fe forment
infenfiblement à mefure que le foleil acquiert plus d'activité en s'é-
levant davantage fur ce climat;
ils flottent long-tems au gré des
vents, & fouvent fe diffipent en
pluies légères fans caufer aucun ravage; mais fouvent auffi accumu-
lés par les vents de fud & d'oueft
contre les fommets des montagnes
voifines, ils s'y entaffent les uns
fur les autres, fe compriment mu-
tuellement jufqu'à ce que, par leur
propre reffort, ils donnent une
nouvelle direction au cours de
l'air, en refluant fur les plaines
d'où ils fe font élevés d'abord en
parties infenfibles. Alors le phlogiftique comprimé & tenu dans
l'inaction par la trop grande denfité des nuages, fe dilate avec fracas, caufe ces tonnerres bruyans,
ces foudres dangereufes, ou au
moins toujours effrayantes, dont
la chûte eft fi commune dans ces

contrées ; leur mouvement y eft
en général très-accéléré , & le feu
qu'elles portent avec elles eft enveloppé de matières folides qui
arrêtent prefque toujours fon action ; elles fe divifent en différentes branches , brifent les corps
qu'elles frappent , mais rarement
elles caufent des incendies. Je n'y
ai vû qu'un orage au mois de juin
1762 , la nuée qui l'occafionnoit
étoit chaffée par un vent de nord-
eft ; elle paroiffoit defcendre de la
montagne dans la plaine , & s'a-
baiffer à mefure qu'elle s'éloignoit
dès Alpes , le foleil alors prêt à
fe coucher l'éclairoit en entier :
l'orage n'eut d'autre fuite à remarquer qu'un tonnerre fort & reten-
tiffant , & une pluie abondante :
on ne dit point que la foudre fût
tombée dans la ville , quoique la
nuée la couvrit en entier.

Au refte les Milanois font en
quelque forte familiarifés avec ces
orages, par la grande habitude où
ils font d'entendre le tonnerre &

de voir tomber la foudre sur leurs édifices sans en souffrir de grands dommages. On m'a raconté à Milan qu'en 1753 ou 1754, la ville donnant un bal à une princesse d'Allemagne qui voyageoit en Italie, ( c'étoit je crois madame la Margrave de Bareith ) la foudre éclata au milieu de la salle même du bal, à l'instant qu'il commençoit. Plusieurs femmes s'évanouirent, beaucoup d'hommes effrayés pâlissoient en assurant qu'ils n'étoient pas émus ; la princesse seule continua son menuet sans témoigner la moindre émotion, rassurant son cavalier qui fournit sa carrière, toujours tremblant. Sa fermeté en imposa tellement à tous ceux de l'assemblée qui furent en état de s'en appercevoir & de l'admirer, que malgré le bruit du tonnerre & le feu des éclairs, le bal ne fut point interrompu, il continua comme si l'air eût été tout-à-fait calme.

Ce que nous pouvons ajouter,

c'est qu'aucune contrée n'est exempte d'orages & de tonnerres, lorsque l'atmosphère se trouve chargée de matières propres à les produire : s'ils sont moins communs dans les régions septentrionales que dans celles qui tiennent le milieu entre la zone torride & la zone glaciale, c'est que les modifications de l'air propres à les produire y sont plus rares. Mais lorsqu'elles se trouvent être les mêmes, la violence des tempêtes, par la résistance qu'elles trouvent à se développer, n'en paroît que plus terrible, lorsque les obstacles qui l'arrêtoient sont vaincus. Le 17 juillet 1768, il se forma, environ midi, dans le voisinage & au sud de Czarsko-Zelo, château de l'impératrice de Russie près de Pétersbourg, un nuage noir qui couvrit tout-à-coup le ciel, de façon qu'on ne distinguoit plus les objets à la lumière du jour qui étoit totalement éclipsée ; il s'éleva en même tems un orage affreux, le tonnerre, dont le bruit se succédoit coup sur coup, répandoit une épouvante générale, il étoit accompagné d'un vent furieux qui renversoit & entraînoit tout ce qui lui résistoit ; les toîts des maisons furent emportés, les arbres rompus & jettés assez loin de leurs racines ; le vent qui souffloit dans une direction égale & peu étendue, n'endommagea point le palais impérial ; mais à l'hermitage, presque toutes les statues & les vases furent renversés, les fenêtres & les portes enfoncées, sans que les verroux pussent résister à l'impétuosité de l'ouragan qui ne dura au plus qu'une demie-heure, mais pendant laquelle la foudre & le mouvement tumultueux de l'air paroissoient se réunir pour détruire & culbuter tous les corps, même les plus solides, dont la surface de la terre étoit couverte dans une certaine étendue.

❋

## §. XXI.

### *Effets du son des cloches & du bruit du canon dans les orages.*

Le peuple est persuadé que le son des cloches, ou le bruit du canon éloignent les nuées dans lesquelles le tonnerre se fait entendre, ou les détermine à changer de direction & à s'écarter de la ligne sur laquelle le son agit directement : il va même jusqu'à croire que ce son divise les nuées & les dissipe. C'est un préjugé si bien établi, qu'il seroit assez difficile de le détruire. Examinons les effets du son des cloches en ces occasions, il sera plus aisé de se décider ensuite sur ce que l'on doit en penser.

On a quelques observations qui semblent persuader que les nuages encore éloignés sont rejettés plus loin ou détournés de leur première direction par le bruit des groffes cloches. Les vibrations qu'un fon confidérable produit dans l'air, peuvent agir fur des corps très-mobiles & de peu de confiftance; & fans doute qu'il fe trouve quelquefois des nuées fi légères, qu'elles cèdent au moindre mouvement de l'air qui agit fur elles, quoiqu'elles paroiffent chargées des matières les plus pefantes qu'elles puiffent porter.

Le 15 mai 1703, il tomba aux environs d'Illiers dans le Perche, une grêle auffi forte qu'abondante, la moindre étoit groffe comme les deux pouces; la plus groffe étoit comme le poing, & pefoit cinq quarterons ; la moyenne étoit de la groffeur des œufs de poule & en plus grande quantité. Il en tomba en plufieurs endroits de la hauteur d'un pied ; il y eut trente paroiffes dont les bleds furent coupés, comme fi on y eût paffé la faucille. Les habitans d'Illiers prévoyant ce ravage eurent recours à leurs cloches, qu'ils fon-

nèrent avec tant de vigueur, que la
nuée se fendit au-dessus de leur ter-
ritoire en deux parties, qui s'écartèrent chacune de leur côté, ensorte
que cette seule paroisse, au milieu
de trente autres qui n'avoient pas
de si bonnes cloches, ne fut presque
pas endommagée. ( *Mém. de l'acad.*
*des sciences, an.* 1703. )

Voilà un exemple remarquable
que le peuple ne peut manquer d'a-
mener à l'appui de ses préjugés. Peut-
être chaque canton en a-t-il de semblables à citer de loin en loin : mais
il ne s'arrête pas sur les orages qui
ont dévasté ses moissons, malgré le
son redoublé de ses cloches ; & il
ne se persuadera pas que certaines
matières répandues dans l'air peuvent agir sur les nuages de façon à
les diviser, & à leur faire prendre
des routes séparées. Ces matières
ne tombent pas sous ses sens, & il
est difficile de le porter à croire
qu'elles existent. Cependant il est
sensible que la plûpart des nuées
ne sont formées que de nuages ac-

cumulés les uns contre les autres : un courant intermédiaire de matières raréfiées peut y porter une telle chaleur, qu'ils se fondent en partie par les côtés où ils se joignent; dès-lors, ils se séparent & prennent un cours différent, un vent local peut avoir aussi le même effet : le frottement de ces nuages les uns contre les autres peut encore servir à les diviser. Tous ces mouvemens doivent être plus communs, dans les momens où les orages sont les plus impétueux, lorsque les cloches sonnent, qu'en tout autre tems ; & on attribue à leur bruit ce qui est un effet naturel de la disposition locale de l'atmosphère.

Nous ne disconviendrons cependant pas que les vibrations que le bruit des plus grosses cloches excite dans l'air, ne soient capables d'agir sur des corps très-légers; car on ne peut nier qu'elles ne produisent un trémoussement sensible, une espèce de vent dont il est aisé de s'appercevoir dans les clochers, mais qui par lui-même n'est pas assez fort pour remuer les corps les moins pesants. Que peuvent donc opposer de résistance de pareils obstacles à de grands corps chassés avec impétuosité par un principe aussi actif que le sont quelques vents? La comparaison que l'on tire des masses énormes de neige que le bruit fait couler du haut des montagnes en bas, ne peut avoir lieu : on sait que la neige fondue par dessous, par les émanations du fluide ignée est dans une sorte d'équilibre, suspendue sur la pointe des herbes & sur l'extrémité des buissons & des rochers, dès-lors elle doit être ébranlée par le moindre mouvement de l'air, se détacher & couler avec fracas dans les vallées voisines *(a)*.

Mais si le bruit agit sur les nuées, c'est d'une toute autre manière. Le son par les vibrations qu'il établit

_____

*(a)* V. le tom. 7. de cette histoire, disc. XI. §. 8.

dans l'air, produit une impulsion qui repousse les parties avancées du nuage sur celles qui suivent, redouble la force élastique des unes & des autres, & même des matières inflammables & en fermentation qu'elles enveloppent & compriment. Comme tout mouvement de vibration, tel que celui du son des cloches ne se fait que par intervalles, égaux à la vérité, mais séparés; dans les instans qu'il cesse d'agir, la partie du nuage soumise à son impulsion, & comprimée, se rétablit dans son étendue naturelle, se porte même au-delà de l'espace qu'elle occupoit d'abord, par sa force élastique, propre, & facilite sa rupture par ce mouvement. L'air & les exhalaisons renfermés, dont la première compression avoit tendu le ressort, & augmenté l'activité, se dilatant avec plus de force qu'auparavant, agissent sur la masse de la nuée, & accélèrent sa dissolution. Ces deux causes réunies font qu'un nuage

frappé par le son se brise plus aisément, dès-lors les exhalaisons qu'il
renferme ont plus de facilité à s'é-
chapper. La matière du tonnerre &
de la foudre ne sont point dissipées,
ni divisées pour cela, elles agissent
relativement à leur quantité, & aux
modifications actuelles de l'air. On
en peut tirer la preuve de la quantité de clochers qui furent foudroyés. En Basse-Bretagne dans l'o-
rage du mois d'avril 1718, dont
nous avons parlé plus haut, & ce
furent par préférence ceux dont on
sonnoit les cloches.

S'il étoit donc possible de conserver quelque crédit à un préjugé
si bien accrédité dans le peuple, &
de penser avec lui que le son des
cloches peut être de quelque utilité
pour détourner les nuées orageuses;
ce seroit lorsqu'elles sont encore
éloignées des clochers. Si malgré
le son des cloches, les nuées s'a-
vancent dans une direction perpendiculaire aux clochers, il est très-
à craindre que la chûte de la foudre

ne ſoit déterminée ſur ceux mêmes qui excitent le bruit. Ils s'échauffent à ſonner, la frayeur dont la plupart ſont pénétrés, produit en eux une forte tranſpiration, & leur atmoſphère particulière chargée d'une multitude d'émanations ſulfureuſes, graſſes & inflammables, n'en eſt que plus capable de déterminer la foudre ſur leurs perſonnes mêmes ; ce qui arrive très-fréquemment. Dans le violent orage qui ſe fit aux environs de Paris au mois d'août 1769, accompagné de tonnerres & d'élairs qui durèrent toute la nuit, la foudre ne tomba que ſur la ſeule égliſe de Paſſi, où on n'avoit pas ceſſé de ſonner. Je la crois dans la poſition la plus élevée de cette côte, & ſans doute qu'elle ſe trouva ſous l'endroit même de la nuée où l'exploſion avoit le plus de diſpoſition à ſe faire, car on ne ſonnoit pas avec moins d'ardeur à Auteuil & à Chaillot.

On peut donc regarder comme certain que le ſon des cloches in-

capable de diffiper les nuées, ne
produit le plus fouvent que des
accidens funeftes à ceux qui les
fonnent, ainfi qu'aux clochers &
aux églifes. Nous pourrions en rapporter des exemples fans nombre,
nous citerons encore celui-ci qui
eft frappant. Le 31 mars 1768, le
tonnerre tomba à Chabeuil, à deux
lieues de Valence en Dauphiné,
fur le clocher de l'églife, tua
deux jeunes gens de ceux qui s'y
étoient raffemblés pour fonner les
cloches, & en bleffa neuf. Un tel
accident ne doit encourager, ni les
fonneurs, ni ceux qui les excitent
à fonner. Il feroit, au contraire,
à fouhaiter qu'un ufage fi dangereux
fût profcrit dans toutes les circonftances d'un orage. Que la nuée foit
perpendiculaire au-deffus de la
tour, ou qu'elle paffe à côté, il y
a toujours infiniment à craindre,
& c'eft affez pour que l'on doive
abandonner une coutume, qui n'a
point d'utilité plus réelle, que celle
d'empêcher par un bruit continuel,

que l'on n'entende celui du tonnerre. Il semble que ce soit la frayeur qui l'ait introduite; mais la frayeur ne raisonne pas, & son effet ordinaire est de précipiter dans le péril ceux qui sont le plus épouvantés de ses approches.

Il n'en est pas de même du bruit de l'artillerie; l'usage de tirer le canon a une utilité plus généralement reconnue. Non que les pièces d'artillerie se chargent de la matière électrique, ainsi qu'on l'a imaginé, depuis que l'amour de la nouveauté a voulu persuader que l'électricité & le tonnerre étoient la même chose : cette attraction précipitée pourroit devenir très-funeste aux cannoniers ; mais parce que l'explosion donne à l'air une commotion assez forte, & qui parvient aux nuées avec assez de violence, pour qu'elle en accélère la dissolution, les force à se rompre, ou tout au moins à changer de direction. C'est ainsi que l'on parvient à dissiper les orages dont on est

eſt menacé ſur mer & dans les camps. Nous allons en donner un exemple frappant rapporté par M. de Forbin ( *tom.* 1. *année* 1680. )
« Pendant le ſéjour que nous fîmes
» ſur les côtes de Carthagène en
» Amérique, nous remarquâmes
» qu'autour de l'horiſon, il ſe for-
» moit journellement ſur les quatre
» heures & demie du ſoir des ora-
» ges mêlés d'éclairs, & qui, ſuivis
» de tonnerres épouvantables, fai-
» ſoient toujours quelques ravages
» dans la ville où ils venoient ſe
» décharger. Le comte d'Eſtrées, à
» qui ces côtes n'étoient pas incon-
» nues, & qui avoit été plus d'une
» fois expoſé à ces ouragans, avoit
» trouvé le ſecret de les diſſiper en
» tirant des coups de canon. Il ſe
» ſervit de ſon remède ordinaire
» contre ceux-ci; de quoi les Eſ-
» pagnols s'étant apperçus, & ayant
» remarqué que dès la ſeconde ou
» la troiſième décharge, l'orage
» étoit entièrement diſſipé, frap-
» pés de ce prodige & ne ſachant

*Tome VIII.* S

» à quoi l'attribuer, ils en témoi-
» gnèrent une surprise mêlée de
» frayeur, enforte que nous eûmes
» affez de peine à leur faire com-
» prendre qu'il n'y avoit rien en
» tout cela que de très-naturel ».

Cet ufage a été reconnu pour fi efficace, que l'on voit qu'il s'eft introduit dans quelques endroits où l'on en éprouve l'utilité. On effuya au mois de mai 1769, dans le comté de Chamb en Bavière, des orages violens qui y cauférent les plus grands dommages. Le tonnerre tomba dans un même jour, en neuf ou dix bourgs voifins de la ville de Chamb, fans cependant y faire d'autre mal que d'abattre les clochers dont on fonnoit alors les cloches. Ceux où elles ne fonnoient pas ne fouffrirent rien; & les villages dont les habitans ont introduit l'ufage de faire, aux premiers coups de tonnerre qui fe font entendre, des décharges multipliées de boëtes & de petits canons, furent préfervés de l'orage. Ces ob-

fervations font précifes & ne laif-
fent aucun doute fur le danger qu'il
y a de fonner les cloches dans le
moment des orages : elles femblent
établir l'utilité de tirer alors le canon. Mais ce moyen eft difpen-
dieux, & quand même il feroit
reconnu comme infaillible, ne fau-
droit-il pas le réferver fpéciale-
ment pour écarter les nuées à grêle,
qui font beaucoup plus nuifibles
que celles qui ne portent que des
foudres, d'ordinaire plus effrayantes que dangereufes.

## §. XXII.

### *Moyens de fe garantir de la foudre.*

N'y a-t-il pas quelque moyen de
fe garantir de la foudre & de fes
coups ? ne pourroit-on pas fe mettre à couvert fous des conftructions
d'une folidité éprouvée, porter dans

les voyages des vêtemens sous lesquels on fût à l'abri de ce que l'on croit en devoir redouter ? Il y a des précautions qu'il est raisonnable de prendre, & dont nous avons déja parlé ; nous rapporterons ici quelques autres moyens, les uns suggérés par la crainte, les autres par la connoissance de la nature & de ses procédés, dans les phénomènes qui accompagnent la chûte de la foudre.

Les anciens n'ont pas moins redouté ce météore formidable que les modernes : Auguste en étoit tellement épouvanté que ses craintes alloient à la pusillanimité : il portoit toujours avec lui une peau de veau marin, dont il s'enveloppoit dans ces circonstances, lorsqu'il se trouvoit en voyage. Sa frayeur étoit sans doute extrême, puisqu'à la moindre apparence d'orage, lorsqu'il étoit à Rome, il alloit se cacher dans des voûtes profondes où le bruit du tonnerre

& la lumière des éclairs ne pouvoient pénétrer (*a*).

Les empereurs du Japon prennent encore des précautions fort
semblables : lorsqu'il tonne , ils
vont se cacher dans une voûte sou-
terraine couverte d'un grand bassin
d'eau , persuadés que si la foudre
venoit à tomber au-dessus d'eux ,
elle s'éteindroit infailliblement
dans l'eau : ils ne croient pas que
la voûte , quelque épaisse qu'elle
soit , puisse seule les en garantir.
C'est pousser les précautions à l'excès , & se mettre dans le cas de
n'avoir rien à craindre : il est , en
effet , très-rare que la foudre pénètre dans les souterrains , ou au

---

(*a*) *Tonitrua & fulgura paulo infirmius
expavescebat , ut semper & ubique pellem
vituli marini circumferret pro remedio ; atque ad omnem majoris tempestatis suspicio-
nem in abditum & concameratum locum se
reciperet ; consternatus olim per nocturnum
iter transcursu fulguris.* Sueton. in Augus-
to. cap. 90.

moins qu'elle y faffe des ravages marqués, & l'explofion du magafin à poudre de Brefce, qui fe fit au mois d'août 1769, fut peut-être moins une fuite de l'action de la foudre, que de quelque fermentation intérieure.

A préfent que l'on connoît mieux les propriétés de la matière électrique que l'on ne faifoit autrefois; que l'on a éprouvé que ce fluide ne traverfoit qu'avec peine certains corps, que même elle ne pouvoit les pénétrer lorfqu'ils avoient quelque épaiffeur : on pourroit fe faire des habillemens & des abris fur lefquels la foudre viendroit s'amortir. Ainfi une peau de caftor feroit un meilleur préfervatif, que la peau d'un veau marin dont s'enveloppoit Augufte. On pourroit fe procurer encore des petits logemens impénétrables à l'action de la foudre, fi on les enduifoit au dehors d'une couche épaiffe de poix, & fi on les tapiffoit au dedans de peaux de caftor; mais on rifqueroit toujours d'être suffoqué dans l'inftant, fi l'air venoit tout d'un coup à perdre toute fon élafticité, comme nous en avons rapporté quelques exemples. Il n'eft donc pas facile aux perfonnes fuf-ceptibles de frayeur de fe mettre dans une fituation affez fûre, pour n'avoir rien à redouter du tonnerre & de la foudre.

Nous avons vu ce que l'on doit attendre du fon des cloches, & du bruit du canon en pareilles circonf-tances : nous avons auffi parlé des barres électriques que l'on multi-plieroit fur les édifices à proportion de leur étendue, garnies chacune d'un fil de fer qui defcendroit juf-qu'à terre, & qui feroit affez éloi-gné des conftructions pour que la matière enflammée & fulminante vînt s'amortir à terre en fuivant ce fil, fans les endommager. Tous ces moyens font plus curieux, plus amufans qu'ils ne font utiles, & on ne comptera jamais fur eux pour détourner les effets de la foudre.

Muffenbroeck ( §. 2543. ) parle

d'une machine singulière imaginée par un chanoine nommé *Divisch*, résidant à Prenditz en Moravie, au moyen de laquelle il prétend détourner la foudre. Il n'a pas donné la description de la machine dont il se réserve sans doute le secret, mais il publia l'observation suivante en 1754. Le neuf juillet on voyoit dans le ciel des nuages orageux ; le chanoine monta sa machine : les nuées qui passoient au-dessus se rompoient & lançoient des rayons perpendiculaires qui sembloient s'aggrandir dans l'éloignement jusqu'à ce qu'ils disparussent. Le lendemain une nuée foudroyante lançoit contre cette même machine des rayons blancs qui devinrent plus grands, lorsque la nuée fut plus élevée au-dessus de l'horison, & qu'elle se trouva perpendiculaire à la machine. Ce phénomène ne dura qu'une heure & disparut ensuite ; mais il y eut une tempête & un orage terrible dans les campagnes voisines, tandis que

l'air étoit calme & tranquille au-
deſſus de la ville de Prenditz. Vers
le ſoir l'orage & le tonnerre s'approchant de la ville, la nuée paſſa
tranquillement ſur elle, en y ver-
ſant ſeulement une petite pluie,
& on n'entendit le tonnerre qu'à
une grande diſtance au-delà.

Si l'on peut compter ſur la fidélité de ce rapport, ſi la machine
du chanoine eut la vertu de préſer-
ver la ville de l'orage, il eſt bien
à ſouhaiter qu'elle ſoit connue, &
alors on pourroit juger à quelle diſtance elle agit. En la multipliant,
en en plaçant de ſemblables de
diſtances en diſtances; il ſeroit poſſible de garantir toute une contrée
des ſuites dommageables des orages.
Quel avantage, quelle tranquillité
pour Paris, ſi une vingtaine de
ces machines diſpoſées à de juſtes
intervalles, anéantiſſoient l'effet
des nuées les plus formidables, arrêtoient la chûte de la foudre, en
atténuant ſa matière, au point
qu'elle ne fût plus ſenſible que ſous

l'apparence d'une lumière blanchâtre, qui se dissiperoit sans bruit &
sans effort. Cette invention seroit
d'autant plus utile qu'il y a apparence qu'elle serviroit à éloigner
les nuées chargées de grêle. Mais
pourquoi est-elle restée inconnue
jusqu'à présent? Il y a bien lieu de
craindre que l'observation ne soit
pas fidelle, & que la vertu de la
machine ne soit pas aussi efficace
qu'on l'annonce. Il s'en faut tout
encore qu'on ne puisse placer cette
expérience dans la classe des faits
démontrés (*a*).

---

(*a*) Les mémoires de l'académie des
sciences ( année 1764. ) indiquent quelques autres précautions qu'il est utile de
rapporter ici.

Après avoir comparé les effets du tonnerre à ceux de l'électricité, & avoir
prouvé par plusieurs observations, de l'espèce de la plupart de celles dont nous
avons fait mention, que les coups de la
foudre ne sont d'ordinaire qu'une violente
commotion, & que les barres électriques,
de même que les conducteurs peuvent devenir une occasion prochaine de mort à

# §. XXIII.

## *Pierres de tonnerre.*

Il y a long-tems que l'on parle de la prétendue pierre de tonnerre.

---

ceux qui s'exposent à leur action : on discute s'il n'y a point de moyens de se préserver des coups du tonnerre ; & on dit qu'il est prudent de s'éloigner des arbres, parce que l'énorme quantité d'eau qu'ils exhalent par leur transpiration, établit entre eux & la nuée un conducteur, qui pour être invisible n'en est pas moins réel. C'est pour cette raison que les arbres & les forêts sont des abris mal sûrs en cas d'orage, & bien plus dangereux encore quand ils sont isolés au milieu d'une plaine. Ce que nous avons prouvé plus haut par diverses observations.

Quant à la situation, ce ne sont pas toujours les lieux les plus élevés que le tonnerre attaque par préférence ; presque toujours une grande montagne isolée, détourne ou partage la nuée. Mais si une montagne ou un édifice élevé se trouvent au milieu d'une petite plaine, entourée de hautes collines ou de grands bois, ce

S vj

Pline l'appelle *brontia*, & dit qu'elle
ressemble à une tête de tortue;

---

sera un endroit très-sujet à être attaqué
du tonnerre, parce que ces objets faisant
obstacle au cours du vent, les nuées s'y
accumumuleront, & le tonnerre s'animera.
Les édifices fort élevés, décorés de plomb,
de grilles de fer en dorures, dans lesquels
il y a beaucoup de monde assemblé, doivent être soigneusement évités. Ils sont
bien plus exposés au tonnerre, qu'une
maison moins élevée, moins décorée,
moins habitée, & à cet égard la chaumière
d'un paysan, est un azile plus sûr que le
palais d'un prince. On pourroit presque dire
la même chose d'une église, si le mérite
de la prière ne ranimoit la confiance, &
ne diminuoit la crainte. Nous avons vu
combien la pratique de sonner les cloches
étoit dangereuse. Un vaisseau, eu égard à
son artillerie, à la quantité de gens &
d'animaux qu'il contient, à la hauteur de
ses mats, à sa position au milieu de la mer,
seroit un endroit très peu sûr, mais l'im-
mense quantité de goudron & d'autres
matières résineuses dont il est enduit, fait
disparoître la plus grande partie de ce danger.

Lorsqu'on est exposé aux orages, il vaut
mieux être isolé que de tenir à de grandes

que l'on croit qu'elle tombe avec
la foudre , qu'elle a la vertu de

---

masses. Un mur de pierre est en ce cas un
voisin moins dangereux qu'un pan de bois ;
mais il faut prendre garde que ce mur ne
contienne quelque pièce de fer : quelque
recouverte qu'elle fût, le tonnerre la sau-
roit bien trouver, & malheur à qui se trouveroit dans le voisinage.

Le plus sûr abri est une cave profonde,
& qui ait peu de communication avec
l'air extérieur : si cependant le terrein ne
contient pas des matières métalliques &
facilement électrisables. Les anciens en
avoient la pratique, sans s'attacher à la
connoissance des causes physiques.

Il est encore très-prudent de tenir fermés, en tems d'orage, les chassis à verre
d'un lieu qu'on habite. Un carreau de verre
ne résistera pas certainement à un coup
de tonnerre venant directement; mais s'il
ne fait que passer, il pourra empêcher
que l'effet ne s'en ressente dans la chambre. Enfin il est certain qu'un habit de
laine ou de soie bien sec, est beaucoup
moins susceptible de l'électricité que la
toile, sur-tout si elle est mouillée, & en
ce point un paysan est plus exposé au tonnerre, avec son habit de toile mouillée,
que quelqu'un vétu d'un habit de laine ou

guérir les corps qui en ont été frappés, & qu'elle doit avoir dans le nuage la forme d'une motte de terre ( *Gleba, hist. natur. lib.* 37. *cap.* 10. ) il en parle comme d'un bruit populaire & ne paroît pas y ajouter foi.

Le nom de *ceraunia* que les anciens lui donnèrent, nous apprend qu'ils la croyoient descendue du ciel, dans le moment que le tonnerre éclatoit & tomboit sur quelque endroit que ce fût de la terre. Cette prétendue origine la faisoit regarder avec une espèce de respect

---

de soie bien seche : mais aussi les ornemens d'or & d'argent qu'on y ajoute, rendent l'habit de l'homme riche bien plus dangereux que celui du paysan ; le métal étant plus susceptible d'être électrisé que la toile mouillée. Les autres précautions que les modernes ont indiquées, ont été connues des anciens ; il n'y a que les abris enduits de matières résineuses, dont ils n'aient pas connu la propriété, quoique les peaux dont ils se servoient leur en tinssent lieu.

qui avoit rapport à la majesté du
Dieu qui passoit pour l'avoir lancée : aussi les anciens naturalistes
la mirent-ils au rang des pierres
précieuses. La figure de coin de
fer, de flèche ou de lance qu'on
lui remarquoit ordinairement, fit
croire aux anciens Grecs que c'é-
toit l'arme de Jupiter tonnant
qu'il lançoit sur les coupables qu'il
vouloit punir d'une manière effrayante. Cette opinion fut principalement répandue parmi les
nations de l'ancien continent. Les
peuples du nord aussi superfti-
tieux que crédules ont encore le
plus grand respect pour ces fortes
de pierres, qui font pour eux un
préfervatif contre la foudre. Ils
fe croient à l'abri de fes coups,
lorfqu'au premier bruit du tonnerre, ils ont frappé trois fois de
ces pierres les endroits par lefquels la foudre pourroit pénétrer
dans leurs habitations. Helwing
célèbre miniftre d'Angelbourg en
Pruffe, qui a fait un traité des

pierres particulièrés à ſon pays, dit qu'il fut obligé de recourir au bras ſéculier, pour détruire cette ſuperſtition, dans le lieu où il exerçoit ſon miniſtère.

Il ſeroit aſſez difficile d'imaginer comment les Chinois qui ont toujours été ſi éloignés de la contagion de ces idées, qui ſemblent nées en Grèce; ont pu en concevoir de ſemblables ſur la vertu de ces pierres & leur origine; & toujours on ſera embarraſſé de rendre raiſon de la cauſe de cette ſuperſtition dont on retrouve des yeſtiges, en mille endroits fort éloignés les uns des autres. Les découvertes que l'on a faites de tems en tems de ces pierres figurées comme nous l'avons dit, & dans des lieux où l'on ne voit point de carrières qui produiſent rien de ſemblable, contribuent à perſuader ces peuples que ces pierres ont néceſſairement quelque choſe de merveilleux. La forme de coin de fer, de flèche ou de hache qu'ont la plupart de ces pierres, a fait croire qu'il étoit de leur essence d'être ainsi figurées, comme les formes, cylindrique, prismatique ou orbiculaire, sont propres aux émeraudes, aux cailloux de Médoc, à la plupart des cristaux, aux échinites. Mais en les comparant aux pierres qui ont été apportées des isles de l'Amérique & du Canada, on a été détrompé de ce préjugé ; les Sauvages de ces pays se servent de ces mêmes pierres à différens usages après les avoir taillées avec une patience infinie, en les frottant les unes contre les autres, pour en former les armes offensives qu'ils emploient à la chasse ou contre leurs ennemis. ( V. *les mém. de l'acad. des sciences an.* 1723. *p.* 6. )

J'ai vu quantité de flèches apportées il y a quinze ou vingt ans du Canada & de la Louisiane ; toutes sont armées de cette espèce de pierre aiguisée ou acérée, pour qu'elle pénètre plus facilement &

fasse des blessures plus profondes.
On peut juger par la manière
dont elles sont taillées, que les
Sauvages les brisent & les emploient suivant la forme qu'en
conservent les morceaux. Les uns
font longs & pointus ; d'autres
ovales & tranchans par un bout ;
quelques-uns quarrés comme le fer
d'un trait d'arbalête. Ces pierres
font bien certainement de la même espèce que celles que l'on
nomme vulgairement pierres de
tonnerre, de différentes couleurs,
jaunes, vertes, bleues, rouges,
mais toutes d'une teinte très-obf-
cure. Si l'on compare ces morceaux brisés aux pierres que l'on
trouve en Allemagne, dans quelques régions plus avancées du
nord, en Amérique, en Candie,
en France même, dans les environs de Paris & en Normandie ;
grosses ordinairement comme des
œufs ou d'un volume plus confidérable ; quelques-unes rayées,
d'autres lisses ; on voit qu'elles

font de même efpèce entr'elles ;
comme celles que l'on conferve
dans les cabinets des curieux,
dont quelques-unes de fept à huit
pouces de longueur, font taillées
en coin ou en hache, percées de
manière à faire voir qu'elles ont
été emmanchées ; plus épaiffes
au milieu qu'aux deux extrémités.
Toutes ne doivent être regardées
que comme des Bélemnites, que
l'on fait être un corps foffile, dur,
pierreux, calcaire, conique, de diverfes groffeurs, que l'on trouve
dans toutes fortes de lits de terre,
de fable, de marne ou de pierre,
& qui doivent la différence de
leurs couleurs à celles des fables
ou des terres dans lefquels on les
trouve mêlées ; les unes quelquefois plus dures que les autres ; ce
qui vient de la qualité des fels
qui font entrés dans leur formation.

Il eft probable que ces pierres,
qui à raifon de leur dureté pouvoient être employées à différens

ufages, avant que celui du fer
fût plus commun, fe tranfpor-
toient d'un endroit à un autre,
qu'elles étoient même un objet
de commerce dans les fiècles les
plus reculés : que l'on en a formé
des magafins, qui ont été enfuite
abandonnés, lorfque l'on a pu
avoir des inftrumens de fer ou de
cuivre ; ainfi que le pratiquent
les naturels de l'Amérique, qui
peuvent acquérir du fer, qu'ils
emploient à la place de leurs
cailloux. Ces pierres que l'on trouve ou affemblées ou répandues
dans des terres où l'on n'en voit
pas communément & qui y paroiffent étrangères, ont pris un
air merveilleux aux yeux de quelques nations groffières & très-
ignorantes qui ont imaginé à la
vue de certains ravages de la foudre, d'arbres brifés, de corps folides très-endommagés, d'animaux
tués, qu'elles tomboient des nuées,
où elles fe formoient avec le tonnerre ; & par une fuperftition di-

gne de leur ignorance, ces mêmes nations se sont persuadées que ces pierres avoient la vertu de garantir de la foudre, les corps qui en seroient frottés dans le tems des orages, croyant que cette espèce de cérémonie religieuse la devoit éloigner. C'est pour cela que les Lapons & d'autres habitans du nord portent avec eux de ces pierres qui doivent les préserver des mêmes accidens.

Quoiqu'il en soit, ces pierres singulières ont long-tems exercé la crédulité des peuples. Depuis un certain tems elles ont été un objet de recherche pour les naturalistes ; les uns ont cru qu'elles appartenoient au règne animal & qu'elles étoient les dents droites, pétrifiées du crocodile ; d'autres les ont regardées comme la production d'un polype articulé, osseux, & doué d'un siphon. Mais plus on les examine, plus on reconnoît qu'elles appartiennent au règne minéral, & qu'elles sont de l'espèce des cailloux les plus durs, compofées de couches différentes d'une matière homogène, à-peu-près comme les arbres, que l'on parvient à féparer les unes des autres, en mettant les cailloux fur des charbons ardents, & les plongeant enfuite dans l'eau froide; mais cependant d'un grain fi fin que l'on peut s'en fervir comme de pierre de touche pour les métaux, & à polir différens ouvrages. Ce qui prouve encore que ces pierres ont fervi en Europe aux mêmes ufages que ceux auxquels les Sauvages de l'Amérique les emploient, c'eft qu'on en trouve dans la terre, taillées de différentes formes avec leur poli, qui n'eft point fujet à s'altérer comme celui des métaux.

On a encore donné le nom de pierres de foudre à une efpèce de marcaffite vitriolique, de figure oblongue ou arrondie, quelquefois hériffée de pointes, quelquefois liffe ou à facettes : elle ne reffem-

ble point à la pierre, n'eft pas de
la même dureté, & même en dif-
fère beaucoup par la propriété
qu'elle a de fufer & de fe con-
vertir en vitriol, lorfqu'elle eft
expofée à l'air. On prend de même pour pierre de foudre, des
amas de matières minérales, fon-
dues & réduites en maffe par l'action de la foudre, ou même par
le feu des volcans, tels que l'on
en trouve fouvent dans les endroits où la terre a été fouillée
par des volcans qui fe font éteints;
matières que l'on peut comparer
pour la dureté & la compofition
aux laves fi connues du Véfuve.
Le tonnerre venant à tomber dans
les endroits ou ces pierres ne font
recouvertes que d'une petite quantité de terre ou de gazon; le peuple qui les trouve encore marquées
de l'empreinte d'un feu fulfureux,
ne manque pas de les regarder
comme des pierres de foudre.

Enfin ce préjugé a été fi fortement établi, que l'on a vu d'ha-

biles phyſiciens avancer qu'il n'é-
toit pas abſolument impoſſible que
les ouragans, en montant rapidement juſqu'aux nuées, n'enlevaſ-
ſent dans leur tourbillon des matières pierreuſes & minérales qui
s'amolliſſant & s'uniſſant par la
chaleur, formoient ces concrétions
extraordinaires connues ſous le
nom de pierres de foudre. Imagination qui prouve bien que la
ſuperſtition trouve toujours quelqu'accès dans les têtes les mieux
organiſées, & que les eſprits les
plus éclairés ont peine à ſecoüer
les préjugés dont ils ont été im-
bus dans leur enfance. Les idées
populaires généralement répandues, paroiſſent comme la voix
d'une puiſſance extraordinaire,
dont l'action eſt inconnue; mais
dont les œuvres ſe manifeſtent par
une ſorte d'inſpiration, à laquelle
on croit ne pouvoir ſe refuſer
ſans un ſoupçon d'impiété; & pour
juſtifier ſa crédulité, on cherche
dans les procédés de la nature des
comparaiſons

comparaisons qui en assurent la possibilité.

Il y a d'autres espèces de pierres d'une nature tout-à-fait différente de celles dont nous venons de parler, qui doivent leur forme extérieure, & peut-être même leur composition singulière, à une fermentation qui se fait en terre & qui peut être suivie d'une explosion accompagnée d'un bruit semblable à celui du tonnerre, qui les porte très-loin du lieu d'où elles sont sorties. C'est ainsi que les volcans jettent au loin des masses de pierres de différentes grosseurs, avec un bruit de détonation proportionné à leur volume ; phénomènes qui n'étonnent pas : ils sont communs dans les volcans. Ils surprennent d'avantage & méritent plus d'attention lorsqu'on les remarque dans des terreins dont l'humidité dominante, la température froide du climat, la dureté du sol hérissé par-tout de rochers, ne laisse pas soupçonner la moindre fermentation intérieure.

Ces fortes d'éruptions, où qu'el-les se fassent, découvrent & por-tent en l'air des matières pesantes, minérales, que l'on pourroit re-garder plus légitimement, com-me des pierres de foudre que tou-tes celles dont nous avons parlé. On peut citer en exemple celle qui se fit en 1753 en Bresse, pro-vince dont le sol est en général marécageux & fort-bas. Au mois de septembre de cette année, en-viron à une heure après midi, l'air étant fort chaud sans aucune apparence de nuages, on entendit dans les environs de la petite vil-le de Pont-de-Vesle, un bruit semblable à celui de deux ou trois coups de canons & qui fut assez fort pour retentir à six lieues à la ronde. On entendit à-peu-près dans le même-tems à Liponas vil-lage à trois lieues de Pont-de-Vesle & à quatre de Bourg, ca-pitale de la Bresse, un sifflement dans l'air semblable à celui d'une groffe fufée, & le même jour on trouva à Liponas & à Pin, autre village près de Pont-de-Vefle, éloignés l'un de l'autre de trois lieues, deux maffes noirâtres d'une figure prefque ronde, mais fort inégale, qui étoient tombées dans des terres labourées, où elles s'étoient enfoncées par leur propre poids d'un demi-pied : l'une des deux pefoit vingt livres. Le favant académicien ( M. de la Lande) qui a recueilli ce fait, jugea que les pierres ne pouvoient provenir que d'une éruption fouterraine, femblable à celle d'un volcan : il les regardoit comme un compofé minéral dont la bafe étoit une efpèce de pierre de montagne, grife, réfractaire ou dure à la fufion, réfiftant même à la violence du feu. Quelques particules de fer fe trouvoient répandues en grains, en filets, & en petites maffes dans la fubftance de la pierre, mais furtout dans fes fentes. Il paroiffoit que ces deux pierres avoient été

exposées à un feu très-violent &
qui en avoit fondu la première
surface, d'où étoit venue la noir-
ceur extérieure que l'on y remarquoit : ce qui n'est point surprenant , le fer ayant la propriété
d'accélérer la fusion des terres &
des pierres.

On avoit entendu le 29 juin
1750, un bruit semblable en basse-
Normandie, & il tomba à Nicor
près de Coutances une masse d'un
poids considérable , semblable à
celles dont nous venons de parler. Combien n'en trouveroit-on
pas de même qualité, produites
par les mêmes causes , mais qui
sont inconnues parce qu'on ne les
a pas observées ? Ces phénomènes
ne doivent donc être regardés que
comme le résultat d'une fermentation locale , qui cesse faute de
matière qui puisse l'entretenir &
la rendre plus sensible & plus dommageable : car ces sortes de feux souterrains n'agissent qu'en renversant
les corps exposés à leur action, ou en
les consumant.

Ces feux, que l'on peut regarder comme momentanés, semblent se raffembler de divers points d'une certaine étendue de la terre, à un centre commun ou leurs forces féparées fe réuniffent. Quelquefois ils s'échappent dans les airs, où ils paroiffent fous la forme de globes lumineux, de colonnes enflammées ou d'autres météores brillans, & c'eft lorfque rien ne s'oppofe à leur iffue. Quelquefois ils font arrêtés par des bancs de pierre, ou des maffes de rochers, fur lefquelles ils agiffent, mais dont le poids arrête leur violence, jufqu'à ce qu'ils fe foient fait jour par quelques cavités, & qu'ils foient arrivés à une furface moins épaiffe & moins forte, contre laquelle ils réuniffent leurs efforts ; fecondés par la prodigieufe raréfaction qui fe fait dans l'air intérieur de ces cavités, qui brife quelque partie de ces pierres, & les lance au loin, avec un bruit proportionné à la quantité d'air renfermé qui fe dilate avec violence. Nous parlerons plus au long de ces différens effets du feu.

Ces phénomènes peuvent fe rencontrer avec d'autres d'une efpèce toute différente, & les explofions terreftres fe peuvent faire dans le même-tems qu'il fe forme des orages accompagnés du bruit du tonnerre & de la chûte de la foudre, dans des nuages affez bas, pour que ces pierres lancées du fein de la terre dans les airs, foient portées jufque dans les nuages mêmes, d'où elles retombent enfuite accompagnées du bruit du tonnerre, & fuivies d'une traînée de matière fulminante qu'elles emportent dans leur chûte, en facilitant fon éruption hors de la nuée qui la contenoit; c'eft ainfi qu'il me paroît que l'on peut expliquer le phénomène fuivant.

» Pendant l'orage qu'on effuya
» dans le mois de feptembre 1768,
» aux environs du château de Luçé
» dans le Maine, il y eut un coup

» de tonnerre qui fut suivi d'un
» bruit tout-à-fait semblable au
» mugissement d'un bœuf, & qui
» se fit entendre dans une espace
» d'environ deux lieues. Quelques
» particuliers qui se trouvoient
» dans la campagne près de la pa-
» roisse de Périgné, crurent apper-
» cevoir dans l'air un corps opa-
» que, qu'ils virent tomber rapi-
» dement sur une pelouse dans le
» grand chemin du Mans. Ils se
» rendirent aussi-tôt sur le lieu,
» & y trouvèrent une espèce de
» pierre enfoncée dans la terre.
» Elle étoit d'abord brûlante ; mais
» elle se refroidit ensuite au point
» qu'ils purent la manier & l'exa-
» miner : elle pesoit sept livres
» & demie, & sa forme étoit trian-
» gulaire, c'est-à-dire, qu'elle pré-
» sentoit trois cornes arrondies,
» dont l'une enfoncée dans le ga-
» zon étoit de couleur grise, &
» les deux autres extrêmement
» noires. L'académie royale des
» sciences à laquelle on envoya un

» morceau de cette pierre , en fit
» faire l'analyse par quelques-uns
» de ses membres , qui déclarè-
» rent que la pierre ne devoit
» point son origine au tonnerre ,
» qu'elle n'étoit point tombée du
» ciel , qu'elle n'avoit pas été
» formée non plus de matières mi-
» nérales , mises en fusion par le
» feu du tonnerre. Ils reconnurent
» que c'étoit une espèce de pyri-
» te, qui n'avoit rien de particu-
» lier que l'odeur de foie de sou-
» fre ou d'œufs couvés , qui s'en
» exhaloit pendant sa dissolution
» par l'acide marin. Cent grains
» de cette substance donnèrent par
» l'analyse huit grains & demi de
» soufre, trente-six de fer & cin-
» quante-cinq & demi de terre
» vitrifiable ». Cette relation jusqu'à ce point est exacte & on peut
en prendre une idée juste de cette
pierre singulière , mais ce qui suit
ne me paroît plus qu'une conjecture , qu'il est aisé de détruire par
d'autres observations de faits qui
paroissent semblables.

» Il y a apparence que cette
» pierre qui peut-être étoit cou-
» verte d'une couche de terre ou
» de gazon aura été frappée & dé-
» couverte par la foudre. On con-
» jecture aussi que la quantité con-
» sidérable de parties métalliques
» qu'elle contenoit aura contribué
» à déterminer la direction de la
» matière électrique du tonnerre,
» cet évènement & plusieurs autres
» de cette nature concourent à faire
» penser que le tonnerre tombe par
» préférence sur les substances mé-
» talliques & peut-être encore plus
» sur les matières pyriteuses ».

Toutes ces conjectures ne semblent porter que sur les idées qu'a
pu donner le systême moderne de
l'électricité, par lequel on prétend
expliquer tous les phénomènes les
plus singuliers de la nature, dont
jusqu'à présent on n'avoit pu entre-
voir la cause. Mais je suis persuadé
qu'en rassemblant le plus d'observations possibles sur ce qui détermine la chûte de la foudre & ses

T v

effets , on les trouveroit moins dans la nature des fubftances que dans l'atmofphère accidentelle qui les environne. Il feroit encore prouvé par les faits que le tonnerre ne tombe pas plus fouvent fur les fubftances métalliques que fur les autres corps.

On prétend avec raifon que le mouvement qu'imprime à l'air le fon des cloches détermine la foudre à tomber de préférence fur les clochers & fur les églifes ; mais les obfervations nous apprennent que ce n'eft pas fur les cloches ou fur les fers qui les attachent, que la foudre exerce fon action principale ; elle agit plutôt fur la charpente des clochers , fur les murailles mêmes des églifes , & fur-tout fur les fonneurs, ainfi que nous avons eu plus d'une occafion de l'obferver.

Il eft encore moins vraifemblable que le tonnerre tombe plus fouvent fur les matières pyriteufes que fur les autres , & qu'elles aient

rien en elles qui détermine sa
chûte : il faudroit supposer que
dans le tems des orages, il se feroit dans les substances dont elles
sont composées une fermentation
violente qui leur formeroit une
atmosphère de particules inflammables, homogènes à celles dont
la foudre est formée, & qui l'at-
tireroit en quelque sorte. Mais
l'observation n'a rien qui favorise
cette conjecture. On sait que les
environs des volcans sont remplis
de pyrites de différentes formes
& grosseurs: le sol qui environne
le Vésuve en est partie couvert, &
en si grande quantité, qu'il semble que la chûte de la foudre devroit toujours se diriger de préférence sur ce côté, & ne pas s'arrêter sur les endroits circonvoisins ;
mais il est d'expérience que la foudre tombe aussi souvent à Naples,
à Portici même, & dans les autres lieux voisins du Vésuve, que
sur la montagne dans le sein de
laquelle le volcan est renfermé ;

T vj

& où l'on trouve tant de pyrites raſſemblées. Il eſt donc beaucoup plus naturel de penſer que la pierre qui fut vue dans le Maine, au mois de ſeptembre 1768, lancée dans l'air par quelque exploſion, traverſa le nuage, d'où elle tomba à terre dans l'endroit où elle fut vue. Le mugiſſement ſingulier qui ſe faiſoit entendre alors, étoit occaſionné par la denſité du nuage que la pierre avoit à traverſer, & qui la ſoutenoit aſſez pour changer la direction perpendiculaire, en diagonale, ou pour allonger la ligne parabolique qu'elle devoit décrire.

Une ſuite d'obſervations ſur le tems de la chûte de ces prétendues pierres de foudre, paroît établir la vérité de la théorie que nous propoſons à ce ſujet. On conſerve dans l'égliſe d'Enſisheim en Alſace, une pierre de la forme d'un gros caillou noirâtre, qui auroit été au feu, & qui auroit éclaté à ſa circonférence en divers morceaux. On dit qu'elle pèse environ trois cens livres, elle tomba le 7 novembre 1492, avec de la grêle.

En 1510, il tomba dans le Milanois, sur les campagnes voisines de l'Adda jusqu'à douze cens pierres, d'une couleur de fer, d'une odeur de soufre, & d'une dureté extraordinaire. On en pesa une de cent-vingt livres, une autre de soixante; elles tombèrent d'un tourbillon enflammé qui avoit paru dans l'air deux heures auparavant (1). Otons de la relation de ce fait tout ce que l'étonnement peut y avoir ajouté de merveilleux; ne voyons-nous pas dans ce tourbillon enflammé, qui avoit paru deux heures auparavant, les commencemens d'une éruption qui s'étoit faite dans les montagnes voisines? ce furent les premiers feux d'un volcan qui ne subsista que quelques instans, qui répandirent

_______________________

(a) *Cardan. de varietate*, *l.* 4. *c.* 72.

dans un air condenfé une lumière extraordinaire. Les pierres dont il étoit couvert à fon orifice expo-fées pendant quelque tems à la fumée & au feu, avoient contracté une couleur noirâtre & une odeur fulfureufe. L'action du feu, & fans doute celle de l'air renfermé dans les cavités intérieures de la montagne qui cherchoit à s'échap-per en plus grand volume, par l'ouverture embarraffée de ces cail-loux, les auront pouffés en l'air avec la même violence que la pou-dre chaffe le boulet d'un canon, & les auront répandus fur la cam-pagne voifine. Il ne paroît pas que l'on puiffe donner une explication plus naturelle des explofions qui jettent dans l'air les pierres fingu-lières auxquelles on donne le nom de pierres de foudre, & qui peu-vent fe faire auffi-bien dans le tems des orages que par le ciel le plus ferein.

Gaffendi rapporte que le 27 no-vembre 1637, à dix heures du

matin, le ciel étant fort ferein, il tomba fur le mont Vaifien, entre les villes de Guillaume & de Peiné en Provence, une pierre enflammée qui paroiffoit en l'air avoir quatre pieds de diamètre ; elle étoit entourée d'un cercle lumineux de diverfes couleurs, ce qui faifoit paroître fon volume plus gros, & annonçoit qu'elle étoit échauffée au plus haut degré. Elle paffa à cent pas de deux hommes, qui ne la jugèrent élevée de terre que de cinq à fix toifes. Elle faifoit un fifflement pareil à celui d'une groffe fufée d'artifice, & rendoit une odeur de foufre brûlé ; elle tomba à trois cents pas du lieu où étoient ces deux hommes : il parut auffi-tôt une grande fumée à l'endroit où elle s'étoit arrêtée, & on entendit un bruit femblable à celui de quelques coups de mouf-quets que l'on auroit tirés en même-tems. Ce bruit fit accourir plu-fieurs perfonnes des lieux circon-voifins à l'endroit où ils l'entendirent, & qui étoit indiqué par la fumée. Ils y trouvèrent un trou d'un pied de diamètre en largeur, & profond d'environ trois pieds. La neige étoit fondue à la distance de cinq pieds tout autour ; les pierres des environs parurent calcinées, & c'est en éclatant, par une chaleur violente, qu'elles rendirent le bruit qui ressembloit à celui des mousquets. Au fond du trou, on trouva la pierre que l'on avoit vue en l'air, elle étoit à-peu-près de la grosseur de la tête d'un veau, & presque de la forme de celle d'un homme, d'une couleur obscure, métallique, extrêmement dure & pesoit cinquante-quatre livres. On la conserve encore à Aix en Provence.

Paul Lucas raconte qu'au mois de janvier 1706, il tomba auprès de Larisse en Macédoine, une pierre du poids d'environ soixante-douze livres : elle sentoit le soufre & avoit assez l'air de mâchefer : on l'avoit vue venir du côté du nord avec un grand fifflement, & elle fembloit être au milieu d'un petit nuage qui fe fendit avec un très-grand bruit, lorfqu'elle tomba fur la terre.

L'obfervation faite en Provence roule fur un fait abfolument femblable, & comme elle a été plus circonftanciée, elle doit fervir à expliquer celle faite en Macédoine : il eft plus probable que cette pierre ardente en brûlant quelques corps fur lefquels elle s'arrêta, y produifit une explofion que l'on attribua à la rupture du nuage, qui ne devoit être qu'apparent, & occafionné par l'action du feu fur l'air, fans doute humide & épais dont la pierre étoit environnée, & qui plus raréfié à l'entour, devoit avoir l'apparence d'un petit nuage, répondant à la forme de la pierre. C'eft ainfi que tous les corps que la chaleur fait tranfpirer dans un air froid & condenfé, paroiffent entourés d'un nuage, quoique l'air foit moins épais dans cet endroit que dans le reste de l'atmosphère.

Toutes ces prétendues pierres de tonnerre, qui ne sont autre chose que ce que nous avons dit plus haut, se ressemblent tant à l'intérieur qu'à l'extérieur. Soumises aux épreuves, elles ont donné à-peu-près les mêmes résultats. On en a apporté à l'académie des sciences de Paris, trouvées dans le Maine, le Cotentin & l'Artois ; on auroit pu y joindre celles que l'on a vues en Bresse, en Provence, en Grèce même ; cette quantité de substances pyriteuses qui furent lancées en l'air dans le tems de l'éruption de la nouvelle isle de Santorin, & toutes auroient été trouvées semblables : il n'y a même rien de singulier à ce qu'il soit venu de lieux fort éloignés les uns des autres, des pierres si différentes des pierres communes, & si semblables entre elles : elles sont ainsi modifiées par une cause qui agit de même, partout où elle se rencontre, soit en plaine, soit en montagne : dans les terreins les plus marécageux, comme dans le centre des montagnes les plus arides, & c'est avec raison que l'on n'admet point qu'aucune de ces pierres ait été produite & apportée par le tonnerre des nuées à la terre. Ce météore destructeur & subtil a peut-être des effets encore plus surprenans, mais qui n'ont aucune analogie avec la formation de corps aussi durs & aussi compacts, que ceux qui ont été soumis à l'expérience, comme pierres de tonnerre. Il n'est pas même possible d'acquiescer à l'hypothèse qui supposeroit que dans de violens tourbillons de vent, de la poussière, du sable terrestre, des parties métalliques seroient emportés assez haut pour pénétrer dans les nuées, s'y réunir par le mélange des exhalaisons sulfureuses, salines & bitumineuses, acquérir la dureté & la consistance que l'on remarque dans toutes les pierres de foudre, soit celles que les anciens regardoient comme

telles, soit les grosses pyrites auxquelles on a depuis donné le même
nom, & dont nous avons expliqué
l'origine. Il est certain que si pareilles substances se formoient dans
les nuées, elles rendroient les effets
de la foudre beaucoup plus dangereux, & que depuis le tems
qu'on les observe, au moment de
sa chûte, on auroit trouvé quelques-
unes de ces pierres si bien caracté-
risées qu'il n'eût resté aucun doute
sur leur origine; ce qui n'est cependant pas arrivé.

Il est possible de concevoir comment les matières sulfureuses & nitreuses qui s'exhalent de la terre,
& qui après avoir été enveloppées
dans une nuée épaisse & fort humide, se trouvant agitées par divers
mouvemens contraires, peuvent
se réunir à raison de leur homogé-
néité, & former une masse de quelque consistance qui venant à s'enflammer dans l'agitation de la nuée
fait effort pour s'échapper & sort
enfin par le côté où elle trouve le

moins de réſiſtance. Mais comme
ces carreaux ardens ne ſont compoſés que de matières très-combuſti-
bles, & que s'il y entre quelques
parties terreſtres, elles ne ſont pas
aſſez groſſières pour réſiſter à l'action du feu : leur mouvement accélère leur deſtruction, ils ſont
bientôt conſumés; & après divers
tours & détours, & des effets très-
ſurprenans, ils diſparoiſſent & s'a-
néantiſſent, ſans qu'il en reſte autre
choſe qu'une fumée qui ſe diſſipe
promptement, une odeur de ſoufre
dont l'air reſte impregné quelque
tems, & une couleur obſcure qu'ils
impriment ſur les corps qui ont
réſiſté à leur action, qui cependant
eſt quelquefois aſſez forte pour les
briſer.

Si ces carreaux ou amas de matières inflammables, pouvoient acquérir quelque conſiſtance durable,
ce devroit être dans ces orages violens, ou les nuages ne paroiſſent
formés en grande partie, que d'exhalaiſons ſèches & chaudes, où les

vapeurs humides font en fi petite
quantité que l'on voit l'atmofphère
toute en feu, fans qu'il tombe de
pluie ou du moins très-peu, ainfi
que nous l'apprend l'obfervation
que nous allons rapporter. Le trois
& le quatre de juin 1731, il y eut
à Leffay près de Coutances, des
tonnerres extraordinaires, tout le
ciel étoit en feu depuis l'horifon
jufqu'au zénith, les traits enflammés, ainfi que dans un feu d'artifice, fe croifoient en toute direction, il tomboit de toutes parts
comme des gouttes de métal fondu
& embrafé. L'effroi de ce fpectacle
étonnant étoit redoublé par la violence des coups de tonnerre qui fe
fuccédoient, les édifices en étoient
ébranlés, quelques-uns furent réduits en cendres, il y eut des bef-
tiaux de tués : cependant la pluie
fut des plus médiocres, la féche-
reffe dont on fe plaignoit continua
toujours, elle avoit fans doute beaucoup contribué à ce terrible phénomène & à fa durée. Les exhalaifons

sulfureuses n'ayant point été dé-
trempées comme à l'ordinaire s'é-
toient amassées en plus grande quantité, & avoient pris feu avec toute
la force dont elles sont capables.
(*V. les mém. de l'acad. des sciences,
ann. 1731. hist. pag. 19.*)

Il résulte donc de ce que nous
avons dit sur les pierres de foudre,
qu'elles ne sont réellement pas
telles que le vulgaire les imagine,
qu'il ne s'en forme point dans les
nuées, que les compositions auxquelles on donne ce nom, sont
des pyrites, des pierres ou des
cailloux qui ont été exposés quelque tems à l'action d'un feu caché
dans le sein de la terre, & qui sont
ensuite lancés dans les airs par quelque violente explosion. Comme il
est arrivé que quelques-unes de ces
pierres après avoir traversé des
nuages fort bas, ont été vues tomber dans le tems des orages, lorsque
le tonnerre se faisoit entendre, on
a cru mal-à-propos qu'il s'en formoit dans les nuées, & en consé-

quence on leur a donné le nom de pierres de foudre ou de tonnerre.

## §. XXIV.

### *Réflexions ſur la crainte du tonnerre.*

Terminons ce diſcours par les réflexions que fait Sénèque ſur la crainte du tonnerre & de la foudre (a). « Je vois où vous en voulez » venir, & ce que vous exigez de » moi. J'aime mieux, dites-vous, » ne pas craindre la foudre que d'en » connoître la nature & les variétés; » *malo ſulmina non timere quam noſſe.* » Aprenez aux autres comment elle » ſe forme, mais délivrez-moi de » la terreur qu'elle m'imprime, & » laiſſez-moi dans mon ignorance. » —— Vous avez raiſon, il faut tirer » le meilleur parti poſſible de nos » ſpéculations. Lorſque nous péné-

------

(a) *Quæſt. natural. lib.* 2. *cap.* 59.

» trons

» trons dans les secrets de la nature;
» lorsque nous entreprenons de
» rendre raison des effets les plus
» étonnans de la puissance divine,
» nous devons en même-tems af-
» fermir notre esprit, & le mettre
» au-dessus des maux qui l'envi-
» ronnent. Les plus habiles en appa-
» rence, ceux dont les connoissan-
» ces sont les plus étendues, n'ont
» pas moins besoin de ce secours
» que les autres. Une multitude
» de traits est lancée sur nous de
» tous les côtés, il est moins
» question de s'y soustraire, que de
» savoir les supporter avec force &
» constance. Nous pouvons bien
» être invincibles, mais jamais à
» l'abri des coups; quoique le cou-
» rage d'esprit & l'incertitude des
» évènemens puissent nous élever
» au-dessus de la crainte qu'ils ins-
» pirent. —— Mais comment? ——
» Méprisez la mort, & dès-lors
» tout ce qui vous semble tant
» à craindre ne vous touchera plus,
» guerres, naufrages, foudres, rui-

» nes d'édifices; que tous ces acci-
» dens peuvent-ils faire de plus
» que séparer l'ame du corps? quels
» soins peuvent l'empêcher? quel
» bonheur, quelle puissance peu-
» vent en exempter? Tout dans
» l'univers est accidentel; la mort
» seule est également certaine pour
» tous les hommes. On meurt avec
» la faveur comme avec la colère
» des dieux. Que le désespoir d'un
» autre sort anime votre courage.
» Les animaux les plus timides,
» ceux dont la nature a mis toute
» la défense dans la fuite, lors
» même que toute issue leur est
» fermée, épuisent leur foiblesse
» à trouver des moyens de fuir.
» Point d'ennemi plus dangereux
» que celui dont les dernières
» extrémités animent l'audace. La
» nécessité en général a bien plus
» de force sur les hommes que la
» vertu. Ne voit-on pas dans cette
» position le plus lâche entrepren-
» dre d'aussi grandes choses que le
» plus courageux? Plaçons - nous

» tous dans ce mêmepoint; & n'y
» sommes-nous pas en effet? Toute
» cette multitude quelque nom-
» breufe que vous la fuppofiez, la
» nature la forcera bientôt de lui
» payer tribut : elle rentrera dans
» la maffe commune d'où elle eft
» fortie. Il n'eft plus queftion de la
» certitude de la chofe, mais du
» moment : il faut tous y arriver
» plutôt ou plutard. Quel mépris
» n'auriez-vous pas pour un homme
» qui, compris dans un nombre de
» gens, tous condamnés au même
» genre de mort, demanderoit en
» grace d'être réfervé pour le der-
» nier inftant. C'eft la caufe com-
» mune de toute l'humanité; c'eft
» au moins une confolation de
» n'avoir pas un fort plus trifte que
» les autres. Quelle eft donc votre
» foibleffe ? jufqu'à quel point por-
» tez-vous l'oubli de votre deftinée
» fi vous craignez la mort, lorfqu'il
» tonne ? Votre confervation n'a-
» t-elle donc que ce péril à redou-
» ter ? vivrez-vous plus long-tems,

V ij

» si vous pouvez souftraire votre
» tête à la foudre ? Mais n'avez-
» vous rien à redouter du glaive
» de l'ennemi, de la chûte d'une
» pierre, de la fièvre ou d'une autre
» maladie ? la foudre n'eft pas le plus
» grand des dangers, il eft plus fpé-
» cieux que réel. Le moindre éclat
» du tonnerre vous épouvante, un
» nuage vain vous fait trembler,
» vous vous évanouiffez à la lueur
» d'un éclair. Quoi donc, croyez-
» vous qu'il eft plus honnête de mou-
» rir de peur, d'un excès de lâcheté,
» que de la foudre ? Raffurez-vous,
» que ces prétendues menaces du
» ciel vous arment d'un nouveau
» courage : & lorfque vous verrez
» tout le globe enflammé, perfua-
» dez-vous que vous n'avez rien à
» perdre dans le bouleverfement gé-
» néral. Mais fi vous imaginez que
» le défordre qui règne dans la ré-
» gion fupérieure de l'air, que cette
» confufion des élémens & des fai-
» fons, que ces nuages entaffés les
» uns fur les autres qui fe heurtent

» avec violence, qu'en un mot ces
» feux violens font allumés pour
» votre perte : au moins ne devez-
» vous pas être confolé, en voyant
» que votre mort eft fi importante
» qu'il faille un tel appareil pour
» vous la procurer. Eft-il néceffaire
» encore de vous occuper de cette
» idée ? Cet accident ne peut inf-
» pirer de la crainte, qu'autant
» qu'il eft imaginaire & qu'il n'a
» pas lieu : car on ne craint la fou-
» dre que parce qu'on l'a évitée ».

Ces raifonnemens philofophi-
ques, quelque juftes, quelque frap-
pans qu'ils foient, gliffent prefque
toujours fur des ames accablées par
le poids même de la frayeur & de
la fuperftition : la raifon la plus
éloquente entreprendroit en vain
de les raffurer. Donnons encore
quelques momens à de nouvelles
réflexions ; nous croirons avoir
beaucoup gagné fi nous pouvons
bannir la crainte de quelques-unes
de ces ames qu'elle a fubjuguées,
ou du moins en diminuer l'action.

Différentes perfonnes craignent le tonnerre, les plus à plaindre font celles fur lefquelles la preffion de l'atmofphère caufe un effet inquiétant & douloureux, en altérant tout le jeu de l'organifation. Ce ne font pas des réflexions fuperftitieufes, des craintes de préjugé qui tourmentent ces fortes de gens : ils fouffrent véritablement, toute leur machine eft dans un défordre qui leur en fait appréhender la diffolution. Ils font à plaindre d'être auffi fenfibles aux révolutions de l'air, & il n'y a rien à oppofer à ce mal-être que la conftance & les fecours que l'on peut tirer de la médecine. Combien voit-on d'animaux que les orages inquiètent, tourmentent, font fouffrir ; leurs cris annoncent qu'ils éprouvent des fenfations douloureufes, car on ne peut pas dire qu'ils craignent la chûte de la foudre.

Il n'en eft pas de même des enfans, ou des perfonnes d'un âge plus avancé, qui, fans fouffrir rien

d'extraordinaire, croient leurs jours
en danger, dès qu'ils entendent
gronder le tonnerre. Infenfiblement
ils fe font laiffé fubjuguer par des
craintes chimériques, au point de
n'être plus capables d'écouter ce que
la raifon la plus faine peut em-
ployer de moyens perfuafifs pour
les raffurer. En vain on leur prouvera qu'il eft très-rare que des hommes foient frappés de la foudre, &
que dans l'efpace d'un fiècle entier,
on a obfervé qu'à Leyde, ville de
Hollande bien peuplée & fort grande, il n'y a eu qu'un feul homme
qui en ait été atteint & qui n'en
mourut pas. ( *Muffenbroeck.* §. 39.)
L'idée d'un feul homme frappé,
quoique dans une fi longue révolution d'années, & dans une grande
ville, leur fera croire qu'ils courent
le même danger. Si on vient à bout
de les perfuader qu'il eft fans exemple, que perfonne prenant les précautions que nous avons indiquées,
ait été expofé aux coups de la foudre : ils n'en feront pas plus tran-

quilles, & la crainte de manquer à quelques unes de ces précautions ne les tourmentera pas moins que la frayeur du tonnerre. Car la crainte ne raisonne pas, ou elle n'en est capable que pour augmenter l'activité des objets qui l'ont fait naître. Le bruit du tonnerre, ou les apparences d'un orage, montent la machine animale, de manière que le sentiment de l'effroi l'emporte sur tout autre, que l'on s'en occupe entièrement, que l'on trouve même une certaine douceur à y céder. On croit que la vie est plus en sûreté contre les périls que l'on redoute, & ce triste état devient, en certaines circonstances, une habitude à laquelle on ne peut se soustraire.

Ce sera donc en vain que le philosophe fixera ses regards sur le ciel tonnant, & qu'il dévoilera aux yeux des mortels étonnés les secrets de la nature; il ne parviendra pas à leur faire envisager ses phénomènes sans effroi, il ne jouira pas de la satis-

faction de les délivrer d'une tyran-
nie auffi cruelle; & comment l'ef-
pérer tant que les préjugés de l'é-
ducation, ceux dont on a été rempli dès la plus tendre enfance, fe
conferveront dans toute leur force;
tant que l'on verra des hommes
faits, trembler au bruit du tonnerre,
& vouloir que tout ce qui les environne partage leurs frayeurs. Ne
feroit-il pas à fouhaiter pour le
bonheur de l'humanité que l'on at-
tachât une efpèce de honte à ces
fortes de terreurs; que l'on accou-
tumât les enfans à voir d'un œil
affuré les mouvemens de l'air dans
les orages les plus impétueux, à
s'aguerrir contre le bruit du tonnerre; enfin à prendre quelques
précautions contre des dangers pof-
fibles, mais fans céder à des craintes
qui font un mal réel, & d'autant
plus dangereux qu'il fe communique
par l'exemple.

✶

V v

# §. XXV.

# DISSERTATION

*Sur les météores souterrains, & leurs effets sur notre atmosphère.*

Tous les météores qui se forment dans l'air, ont leurs principes dans l'évaporation générale excitée & entretenue, autant par le feu répandu dans les entrailles de la terre, que par l'action du soleil. Le feu terrestre, dit un célèbre philosophe du siècle dernier, ou le fluide ignée, est le principe de la formation de tous les météores (a). De quelle manière les produit-il? quel est son art? les fabrique-t-il dans le sécret de sa résidence, dans un attelier profond & ignoré, d'où

---

(a) *Kirker mund. subterraneus*, tom. 1. *lib.* 4. *sect.* 2. *cap.* 10. *fol. Amstel.* 1665.

il exclut tout ce qui peut nuire à ses opérations ? Est-ce un économe éclairé, un viceroi de la nature, qui visite toutes les parties de son gouvernement, & y dispose tout au gré de la puissance au nom de laquelle il agit ? Est-ce par un mouvement propre & spontanée qu'il fait toutes ces préparations ? ou bien appellé par le soleil qui jouit du pouvoir dominant, pour rendre compte de sa gestion, les formes variées qu'il donne à la matière font-elles autant de façons différentes dont il s'explique avec son souverain ?

Car il commence d'abord à agir sur la matière, il la dompte, il la transforme, il en fait des mélanges qui se manifestent sous diverses formes, d'où résultent de nouvelles compositions où la chaleur établit un mouvement relatif à son action, & donne à ces mixtes nouveaux, une étendue, une force, tantôt plus grande, tantôt moindre, & des effets qui y répondent.

Il arrive encore que ce feu intérieur trouvant en abondance une matière qui lui est analogue, la tranf-
porte au loin par les cavités cachées
de la terre, avant que de produire
aucun effet fenfible, & donner lieu
à des phénomènes qui étonnent
d'autant plus que l'on croyoit que
certaines régions en étoient naturellement exemptes. C'eft ainfi que
les Romains regardoient les Gaules
comme à l'abri des tremblemens
de terre. La froidure du climat, la
dureté du fol, les qualités de fes
productions, comparées à celles de
l'Italie méridionale, leur faifoient
regarder leur préjugé comme une
loi de la nature. Enfin pour conferver encore ici une des idées fortes
& pittorefques du P. Kirker, nous
dirons avec lui, que ce feu toujours actif doit être regardé comme le monarque de l'intérieur du
globe, qui agit librement & quand
il lui plaît, qui ne connoît d'autres
loix que celles de la nature, qui le
force quelquefois à fe manifefter

au-dehors, & à rendre au soleil &
aux astres un hommage libre, moins
comme tributaire, que pour joindre ses forces aux leurs, & agir de
concert sur l'air, la terre & les
eaux.

Ce feu caché toujours en action,
dont les forces se divisent, mais
ne s'anéantissent jamais, ne contribue pas seulement à la génération
des corps simples, il est la cause
principale des mixtes les plus singuliers : il est secondé par les vapeurs & les exhalaisons, par le
phlogistique général & l'eau, dont
le mélange est le principe de tous
les mixtes, de tous les météores
qui paroissent & se forment dans
l'air. Mais l'intérieur de la terre
n'est pas privé de ces phénomènes,
& le feu terrestre les fait éclater
dans le centre de sa puissance.

Il est constant que la terre cache
dans son sein des réservoirs immen-
ses d'air, de feu & d'eau, qui se
dispersent dans toute sa capacité
par une multitude de canaux, de

siphons, par des fentes, des crevasses, des pores mêmes propor-
tionnés à la grandeur du corps, par
le moyen desquels les vapeurs & les
exhalaisons se portent par-tout. Il
ne faut jamais avoir vu d'alembic
pour douter qu'il puisse y avoir
des pluies souterraines. L'action
du feu étant telle au-dedans de
la terre que mille expériences
nous la font reconnoître, la force
de la chaleur y entretient une évaporation continuelle, dont les
suites se portent à la voûte des cavernes intérieures, où les vapeurs
se répandent dans une température
plus froide, se condensent, se
réunissent en corps, & forment des
espèces de nuages qui se résolvent
en pluie, qui tombe du haut de ces
cavernes en bas, comme les gouttes
tombent des nuages à la surface de
la terre. C'est cette distillation,
continuelle en quelques endroits,
qui entretient les lacs souterrains,
& qui fournit l'eau de la plupart
des fontaines & des rivières; outre

ce qui en fort par l'évaporation générale qui eft rarement interrompue. Cette théorie eft fi vraie que
ces cavités venant à être comblées
ou détruites par quelques révolutions, les fources difparoiffent ou
diminuent de volume, ou changent de cours. Le Sebeto, rivière
voifine de Naples, dont les auteurs
anciens ont parlé comme d'un fleuve
affez confidérable, difparut après
la fameufe éruption du Véfuve de
79. On prétend qu'il a pris fon
cours à plus de cent pieds au-def-
fous du niveau actuel des terres.
Mais l'ayant alors beaucoup plus
élevé, n'eft-il pas probable qu'il
avoit fa fource dans le fein de cette
montagne, dont on voit encore
une moitié au nord-oueft du Véfuve, & dont on prétend que l'autre fut détruite & emportée dans
l'éruption qui recouvrit en entier
la ville d'Herculée. Le fleuve dont
nous parlons a été remplacé par un
ruiffeau que le peuple de ces cantons appelle *il fornello*, ou *il fiume*

*della madalena*, qui a son embouchure dans la mer, au bout du fauxbourg de Naples, du côté de Portici.

Il peut de même se former dans ces grottes, de la neige & de la grêle. Si les vapeurs s'élèvent dans des espaces d'une température froide, remplis d'esprits de nitre; avant que les molécules aqueuses puissent se réunir en gouttes, elles se condensent par l'action de l'air ambiant en flocons légers; elles retombent contre les parois des voûtes & sur leur sol inférieur où elles se fondent d'ordinaire, ou se coagulent en une substance blanchâtre, humide & mollasse, que l'abondance du nitre conserve dans cet état; jusqu'à ce qu'un froid plus pénétrant la glace tout-à-fait, ou qu'un air plus chaud la dissolve en entier. Si lorsque les vapeurs sont réunies en gouttes de quelque consistance, il survient un vent froid & impétueux, cette eau se gèle & se convertit en grêle ou en glace. C'est ce changement de forme d'une même matière qui donne lieu à toutes ces glacières naturelles qui ne se trouvent que dans les cavernes des montagnes, & aux endroits où les effets de l'évaporation doivent se porter de préférence. Il n'y a point de provinces un peu étendues où l'on ne trouve de ces concrétions glaciales dans les cavernes des montagnes : elles prennent différentes formes relativement aux matières qui entrent dans leurs compositions. Près de la ville de Sora au royaume de Naples, est une vaste caverne de cette espèce, toute incrustée de glace si solide, que des pièces de différentes figures qui pendent de la voûte ou sont attachées aux parois; les habitans du pays en font en été des vases merveilleux, pour rafraîchir les liqueurs que l'on y verse. Ils ont plus de solidité que la glace ordinaire ; cependant l'air extérieur, & l'usage que l'on en fait les dissolvent assez promp-

tement, quoique d'une manière in-
fenfible, dès qu'on ne les expofe pas
immédiatement au foleil. On connoît la fameufe glacière du voifinage
de Befançon : on en trouve quantité
de femblables dans les Alpes & les
Pyrenées ; il y en a même fous la ligne, dans les Andes. Toutes ces glaces
fouterraines font un effet immédiat
de l'évaporation intérieure, & fe
trouvent d'ordinaire à une affez
grande profondeur fous le fol extérieur, pour que l'humidité produite par les météores aqueux ne
puiffe y pénétrer. Il y a d'autres
cavernes moins profondes, remplies de concrétions peut-être plus
fingulières par leurs formes & leurs
couleurs variées, mais elles font
moins dures & moins froides, &
formées par les fels, les nitres, &
les matières terreftres filtrées au
travers des rochers tendres & peu
épais qui les couvrent, au-deffus
defquels font des terres en culture,
fréquemment renouvellées par des
engrais & des végétaux qui s'y

pourriſſent. Ces ſortes de matières une fois unies, deviennent aſſez ſèches pour ſe conſerver long-tems dans ces grottes qui ſe rempliſſent à la longue & dans leſquelles il ſe forme ſouvent de l'albâtre.

Nous avons déja parlé des vents ſouterrains, & des endroits où ils ſe font ſentir dès que leurs cauſes ſont en action. Ces cauſes peuvent être, 1°. les eſprits ſalins & nitreux raréfiés par l'action du feu, & preſſés d'abord dans des canaux étroits, des eſpèces de pores, à l'iſſue deſquels venant à ſe développer, dans des cavités plus vaſtes, ils ſe trouvent plus en liberté : l'air renfermé dans ces cavernes, violemment agité par le choc des matières nouvelles qui ſe mêlent dans ſa maſſe, & ne trouvant pour s'échapper que des iſſues étroites, en ſort avec la violence que l'on remarque dans le voiſinage de toutes ces bouches à vent, & avec les qualités que lui donnent les eſprits qui le mettent en mouvement. 2°. Les cours d'eaux fouterraines forment des cataractes qui tombent fouvent avec grande force de très-haut, à travers les inégalités des rochers qu'elles rencontrent : elles ne peuvent que vivement comprimer l'air qu'elles déplacent enfin, après en avoir augmenté le volume & le poids par la quantité d'eau qui fe divife dans leur chûte en vapeurs légères, & qui fuit le cours de l'air. Il doit en réfulter un vent fenfible qui toujours pouffé par la même caufe, prend fon cours, par des paffages fouterrains jufqu'à ce qu'il faffe éruption hors des montagnes par les ouvertures qu'il y rencontre. 3°. Les neiges en fe fondant & en pénétrant dans l'intérieur de la terre peuvent y occafionner des vents fouterrains périodiques, dont les effets font les mêmes que ceux que nous venons de décrire. 4°. Le changement de température de l'air extérieur, occafionne certains vents locaux qui fortent de quelques montagnes, fe font fentir dans une faifon & ceffent dans une autre.

On conçoit aifément que ce conflit d'exhalaifons & de vapeurs fouterraines, avec l'air de l'intérieur de la terre, cette collifion violente de fubftances hétérogènes, doivent produire des fons qui répondent à leur quantité & à leurs effets.

C'eft ce que l'on remarque dans le voifinage des volcans, & dans toutes les parties du globe, ou doivent arriver des tremblemens de terre. Plufieurs jours avant que leurs mouvemens fe faffent fentir, on entend des mugiffemens intérieurs, des bruits qui reffemblent aux tonnerres, à l'explofion des canons, qui annoncent les ravages qui doivent fuivre. Le P. Kirker qui étoit en Calabre en 1638, nous a laiffé le détail des bruits fourds & effrayans qui précédèrent les tremblemens de terre qui dévaftèrent alors une partie de cette province. Avant les fecouffes réitérées, foit de jour, foit de nuit, on entendoit

un bruit horrible accompagné d'é-
clats affreux qui se faisoient dans
le sein de la terre : elle paroissoit
renfermer une multitude de tambours qui battoient, & dont le son
étoit emporté tantôt d'un côté,
tantôt d'un autre, par des vents
impétueux. Un jour que la montagne de Strongli jettoit plus de
feux qu'à l'ordinaire, on entendit
un bruit confus qui paroissoit sortir
de cette montagne, quoiqu'éloignée
de soixante mille pas ; il sembloit
augmenter en approchant, & lorsqu'il fut plus près il s'annonçoit
avec un fracas de tonnerres si horribles, que le courage le plus ferme
en étoit étonné. Les secousses étoient
si fortes en même-tems qu'on ne pouvoit plus se soutenir sur ses pieds. Ce
fut alors que le bourg de sainte
Euphémie, dont le P. Kirker dit
qu'il n'étoit éloigné que de trois
milles, parut couvert d'un brouillard épais : la plupart des maisons
disparurent & furent englouties,
il n'en resta aucun vestige, & à la

place on découvrit, avec l'effroi que l'on peut imaginer, un lac qui s'étoit formé tout d'un coup.

Considérant tous ces effets formidables d'un feu caché, dans la plus grande action, n'a-t-on pas droit d'en conclure que ces sons, que ces mugissemens souterrains viennent des efforts que font les exhalaisons enflammées contre les parois des cavernes de la terre, à travers lesquelles elles cherchent une issue, & du choc de ces mêmes exhalaisons les unes contre les autres ; qui étant de même nature que les tonnerres aëriens, peuvent avoir la même dénomination, puisqu'elles ont les mêmes effets sur les corps qu'elles attaquent. N'est-on pas encore bien fondé à conjecturer que les exhalaisons inflammables se mêlant dans les cavités souterraines avec le soufre, le nitre, le charbon & d'autres matières combustibles qu'elles y trouvent en abondance, très-capables d'en augmenter la fermentation, & d'exciter des fulminations d'une force extraordinaire, y produisent souvent des foudres d'une force beaucoup plus terrible que celles qui se forment dans l'air. Car les exhalaisons qui se répandent dans l'atmosphère n'y portent la matière des tonnerres, qu'après qu'elle s'est élevée des corps renfermés dans le sein de la terre, encore plus que de ceux qui sont à sa surface : elles ont pour véhicule les vapeurs aqueuses, desquelles elles se détachent ensuite, pour se réunir & former les météores ignées après différentes combinaisons occasionnées par leur collision réciproque, les suites de la fermentation, & l'opposition du chaud & du froid.

Là donc où des causes semblables se trouvent concourrir, on doit s'attendre aux mêmes effets, & on ne refusera de croire qu'il y ait des éclairs, des tonnerres & des foudres sous terre, que parce qu'on n'aura pas réfléchi sur une multitude de phénomènes qui les ont annoncés

dans

dans tous les tems. Il se forme donc
des foudres dans les espaces souterrains, dont la matière est si abondante, & l'action si forte, que quelques vastes qu'ils soient ils ne peuvent souvent les contenir ni les arrêter. On en voit sortir, sous un
ciel serein, des feux ardens qui
ravagent la surface de la terre, tandis que la région supérieure de l'atmosphère est tout-à-fait tranquille.
Si le désordre y passe, ce n'est qu'a-
près que la même matière s'y est
accumulée, & a contribué à la formation de ces nuées d'où sortent
ensuite la foudre & les éclairs (a).

---

(a) Ces tonnerres, ces foudres terrestres
ont été connus de toute antiquité & toujours représentés comme quelque chose
de terrible. C'étoit une vieille opinion
que tout ce qui se présentoit de plus formidable, étoit engendré de la terre. Les
bruits effrayans, disent quelques-uns, sont
produits sous terre ; car lorsqu'elle mugit
& résonne, il semble que ce bruit s'élève
& frappe le ciel même ; & c'est pour cela
que le vulgaire pense que cette espèce de

*Tome VIII.*  X

Dans quelques-unes des Moluques, celles fur-tout appellées *iflas del Moro*, en particulier du mont *Thola*, il fort des crévafles qui s'ouvrent à la furface de la terre, des foudres qui ravagent tous les environs, elles font indifféremment précédées & fuivies d'éclairs. En même-tems que la terre violemment agitée paroiffoit prête à engloutir la ville de Lisbonne, que fes mouvemens convulfifs détruifoient, on voyoit ces foudres fouterraines percer la furface épaiffe du fol, fe répandre dans l'air, & joindre à la dévaftation produite par les fecouffes redoublées, les horreurs de plufieurs

---

tonnerre fe forme en haut. Trebellius Pollion, dit que fous l'empire de Gallien, les mugiffemens de la terre furent accompagnés de violens tonnerres, *terra mugiente, non Jove tonante :* que dans ce mouvement extraordinaire plufieurs édifices furent détruits ou confumés par les flammes; que plufieurs perfonnes moururent de frayeur. . . V. *Cœlii Rhodigini lect. antiq. lib. 30. cap. 27.*

incendies, que l'on ne pouvoit ni prévenir, ni arrêter, tant le danger étoit effrayant, & la consternation générale. On a vu souvent les mêmes désastres arriver dans les Antilles, à la Jamaïque, à la Guadeloupe, à la Martinique, ils viennent de se renouveller à Saint Domingue, de la manière la plus terrible. Ne voit-on pas encore s'élever de tous les volcans, lors de leur plus grande fermentation, des foudres dont l'action se porte au loin, mais se dissipe ordinairement dans les airs.

Les tremblemens de terre se font principalement dans les endroits au-dessous desquels se trouvent de grands réservoirs de ces matières inflammables & propres à la fulmination. Il y en a où ils se font sentir d'habitude, tels sont Constantinople, Smirne, & une partie de l'Asie mineure, Tauris en Perse, Lisbonne, la ville d'Aquila dans le royaume de Naples, la plupart des isles Antilles, & les côtes occidentales de l'Amérique. Les autres parties de la terre, les régions mêmes les plus ſeptentrionales n'en ſont pas exemptes; quoiqu'elles y ſoient expoſées moins fréquemment, parce que le fluide ignée terreſtre qui ſe porte par - tout, trouvant dans le fond du ſol des pays les plus reculés au nord, & où la matière du globe eſt plus compacte & plus dure, des ſubſtances propres à la fermentation, y reſte long-tems avant que d'agir d'une manière ſenſible. Il faut qu'il ait pu ſe procurer par une action ſourde & continuelle, un eſpace aſſez grand pour ſe développer & faire éruption.

Les changemens qui arrivent d'ordinaire dans la température de l'air à la ſuite des tremblemens de terre, annoncent preſque toujours l'éruption de matières nouvelles qui ſe répandant tout d'un coup dans l'atmoſphère, & dans une quantité qui excède de beaucoup les effets de l'évaporation ordinaire, changent les difpofitions qui y étoient établies : nous en avons rapporté plus d'un exemple dans la théorie générale de l'air, & qui ont un rapport immédiat à nos climats tempérés.

Les tremblemens de terre ne font donc qu'une fuite des mouvemens extraordinaires, fur-tout des incendies qui s'allument dans le fein du globe. On ne peut pas en rapporter la caufe aux météores aëriens, dont la plupart font produits par les émanations abondantes que les météores fouterrains envoient dans l'atmofphère. Les plus terribles de ces phénomènes qui dévaftent de fi grandes étendues de pays, peuvent être confidérés comme les effets de mines prodigieufes, dont la matière fe trouve dans les entrailles de la terre, & fe régénère dans les mêmes endroits après un certain efpace de tems, parce qu'elle ne s'ufe point ; elle ne fait que fe féparer. Si l'art par le moyen des mines renverfe les édifices les plus solides ; si une quantité connue de poudre à canon contenue dans un magasin dont la solidité n'égaloit pas celle des masses de rochers qui couvrent la surface du globe, a dévasté dans un moment la ville de Bresce & ses environs : quels doivent être la force & les effets d'une quantité bien plus grande de matières inflammables & de minéraux de toute espèce qui s'y trouvent mêlés, & qui rassemblés dans les cavités les plus profondes, lorsqu'ils sont arrivés par une suite de leur mélange au plus haut degré de fermentation, causent ces détonations souterraines si effrayantes, qui annoncent le mouvement extraordinaire & souvent le renversement entier d'une partie extérieure du globe, qu'ils brisent en la culbutant.

Voici comment on peut imaginer que se produisent ces phénomènes si désastreux. Le feu souterrain, par la violence de sa chaleur, ayant détruit quelques - uns des obſtacles que lui oppoſoit le tiſſu intérieur des montagnes, s'étant ouvert de nouvelles routes pour s'étendre davantage, ſe répand dans de vaſtes cavernes qu'il rencontre dans ſon cours. Alors l'air condenſé qui s'y trouve renfermé eſt agité d'un mouvement impétueux : il ſe prépare de tous côtés une grande quantité de matières combuſtibles, qui s'enflamment & donnent lieu à une prodigeuſe abondance d'exhalaiſons ſèches & chaudes. Ces exhalaiſons ne trouvant aucun moyen de s'échapper, reviennent ſur les matières mêmes dont le feu les a ſéparées, & avec leſquelles elles ſont incompatibles. Il en réſulte des combats intérieurs, des mouvemens ſi horribles, que toute la puiſſance de la nature paroît à peine capable de les ſupporter. Tant que les effets de ces chocs ſouterrains ne peuvent ſe porter au-dehors, l'ébranlement commence par les parois internes des montagnes : les fibres de la terre les plus molles,

X iv

les pores les plus ouverts, font pénétrés de toute part de cette matière en mouvement. La nature dans certaines parties du globe eſt alors dans un travail étonnant : la terre tremble & tous les corps qui la couvrent participent à ſon agitation. Enfin la fermentation & le mouvement étant portés au plus haut point, une partie des obſtacles intérieurs étant détruits, les rochers briſés, les terres renverſées, la ſuperficie extérieure du globe n'étant plus aſſez forte pour réſiſter, elle ſe diviſe, les villes ſont englouties ou culbutées ; les campagnes changent de face ; aux montagnes abſorbées dans le ſein de la terre ſuccèdent de grands lacs ſans fond ; un pays montueux eſt remplacé par des plaines d'eaux. Dans d'autres circonſtances on a vu des montagnes s'élever des bords de la mer ou de ſes abîmes les plus profonds. Le Véſuve, dans une de ſes éruptions remarquables, ſouleva du fond de ſon foyer la montagne qui couronne

aujourd'hui son ancien sommet,
sur lequel la violence seule du feu
l'appuya de la manière la plus solide.

La plupart des isles se sont ainsi
élevées du centre des mers où l'on
ne trouvoit point de fond. Il en
sort tous les jours des rochers arides inconnus aux navigateurs, qui
ne sont point marqués dans les
cartes les plus exactes, & sur lesquels les vaisseaux qui croient vo-
guer sur une mer libre vont faire
naufrage. En 1735, le vaisseau anglois le *Dodington*, à deux cens
cinquante lieues à l'est du Cap de
Bonne-Espérance, au trente-qua-
trième degré environ de latitude
méridionale, alla se briser sur un
rocher stérile & inhabité, jusqu'a-
lors inconnu. Ce rocher & une
quantité d'autres, ne sont-ils pas
des productions nouvelles qui sortent du sein des eaux à la suite de
quelques tremblemens de terre? Les
accroissemens qu'a pris dans ce siècle
l'isle de Santorin, dans la Médi-

terranée ; les chaînes de rochers nouveaux qui s'élèvent de tems en tems autour des isles du Japon, tandis que d'autres disparoissent, font une suite des mouvemens intérieurs de la terre & des effervescences qui les occasionnent. En 1721, après un tremblement de terre dans l'isle de Saint Michel, l'une des Açores, il parut à vingt-huit lieues au large, entre cette isle & la Tercère, un torrent de feu qui donna naissance à de nouveaux écueils.

Il n'est pas moins probable que cette multitude d'isles de différentes grandeurs que les navigateurs, qui tentent de faire des découvertes dans les mers Auftrales, rencontrent à diverses hauteurs, entre les côtes occidentales de l'Amérique & les Indes orientales, font en grande partie de nouvelles productions des feux fouterrains. On reffent quelquefois en pleine mer des fecouffes très-violentes qui ne peuvent pas être occasionnées par d'autres agens. Abel Tasman dit que la nuit du 12 avril 1643, étant à la latitude sud, de trois degrés quarante-cinq minutes, & à la longitude de cent soixante-sept degrés, l'équipage de son vaisseau fut éveillé par un tremblement de terre; il courut aussi-tôt sur le pont croyant que le vaisseau avoit touché; mais après avoir jetté la sonde il ne trouva point de fond. Il éprouva ensuite plusieurs autres secousses, mais aucune ne fut si forte que la première. On trouve encore dans ces mers des fournaises naturelles plutôt que des volcans, d'où il sort presque continuellement de la fumée & des flammes. Huit jours après, le même navigateur passa auprès de l'isle Brûlante, que le Maire & Schouten avoient reconnue avant lui : il vit une grande flamme qui sortoit du sommet d'une haute montagne.

Quelquefois ces tremblemens se font sentir à une grande distance du lieu de leur origine, & fort loin des côtes. « J'étois, dit M. de Forbin,

» ( *tom. 2. an.* 1705.) à quinze
» lieues de Smirne, lorsque tout
» d'un coup pendant la nuit, mon
» navire fut violemment secoué :
» quoique le tems fût fort calme,
» la secousse fut si forte, que mes
» vîtres firent grand bruit & m'é-
» veillèrent. Je demandai ce que
» c'étoit, on me répondit que c'é-
» toit un tremblement de terre ; je
» me levai ne pouvant pas com-
» prendre comment un vaisseau
» qui étoit si éloigné de terre, &
» mouillé à plus de trente brasses
» de profondeur, pouvoit ressentir
» des impressions si violentes, rien
» n'étoit pourtant plus vrai ; j'ap-
» pris le lendemain par un bâti-
» ment qui venoit de Smirne, que
» le tremblement y avoit été si vio-
» lent, que tout le monde avoit
» été obligé de sortir à la campa-
» gne pour se mettre en sûreté ».

Tous ces phénomènes comparés
avec leurs suites, ceux dont il nous
reste à parler, nous apprennent
comment naissent les tremblemens

de terre, dans les cavernes intérieures du globe; comment de fortes colonnes d'exhalaifons enflammées, courant par les canaux tor-
tueux ouverts dans la maffe de la
terre, cherchant à s'échapper & ne
trouvant point d'iffue, renouvellent fans ceffe leurs efforts fans fe
confumer, ébranlent fortement les
parties de la terre, fur lefquelles
elles agiffent, foulèvent les unes
malgré le poids énorme des eaux
les plus profondes qui les couvrent,
en diminuent l'épaiffeur, & fe font
enfin des ouvertures, au travers
defquelles elles fe répandent dans
l'air, foit en fumées épaiffes, brû-
lantes & fétides, foit en colonnes
de feu qui fe foutiennent long-
tems avant que de fe diffiper : ou
bien ayant fappé les appuis fur lefquels portoit la bafe des montagnes, & faifant éruption en même
tems par plufieurs côtés, elles brifent & difperfent en partie les corps
qui les compriment ; ou s'ils font
trop pefans, après les avoir forte-

ment ébranlés, les avoir en quelque forte déracinés, elles les déterminent à tomber dans l'abîme où elles étoient répandues au moment qu'elles cessent d'agir. La fermentation, ou l'effort des exhalaisons, s'étant fait au-dessus de la voûte qui couvroit un grand réservoir d'eau ; la voûte ayant perdu son point d'appui tombe, ainsi que tout ce qui en paroissoit au-dehors, dans le goufre au fond duquel elle est précipitée : l'eau comme plus légère s'élève à la place, & remplit autant d'espace, à la surface de la terre, qu'elle en occupoit à l'intérieur. La profondeur de ces lacs nouveaux est relative à celle des cavernes où ils étoient cachés, & d'ordinaire il est difficile d'en trouver le fond.

Il y a peu de régions dans l'univers où l'on ne pût citer des exemples de ces affaissemens imprévus, tous les siècles en ont vu sans doute ; quoiqu'il paroisse que depuis un certain nombre d'années, le feu

terreſtre déploie ſes effets avec des
mouvemens plus marqués & plus
formidables dans nos pays ſepten-
trionaux ; qu'il ne le faiſoit autrefois. Les tremblemens de terre que
l'on y éprouve ſont preſque tous
accompagnés de bruits ſouterrains,
d'éruptions de feux qui annoncent
que leur cauſe eſt ſemblable à celle
des pays plus méridionaux.

Au mois de mai 1682, il y eut
un tremblement de terre à Remi-
remont ſur la Moſelle, au pied des
hautes montagnes des Voſges, qui
ſe fit ſentir pendant pluſieurs ſe-
maines de ſuite. Les ſecouſſes
étoient accompagnées d'un bruit
ſouterrain ſemblable à celui du
tonnerre, & ſi violent que lorſque
la grande égliſe des chanoineſſes
tomba, on n'en entendit rien. Ces
ſecouſſes ne ſe faiſoient ſentir que
la nuit & jamais le jour, à cinq ou
ſix lieues aux environs de la ville,
avec la même violence, particulièrement dans les fonds & dans
les entre-deux de montagnes. On

voyoit des flammes fortir de terre
fans qu'on pût remarquer leur iffue,
excepté dans un feul endroit, où
on apperçut une ouverture en fente, dont on voûlut inutilement
mefurer la profondeur : elle fe bou-
cha quelque tems après. Les flammes qui fortoient de la terre & qui
étoient plus fréquentes dans les
bois & autres lieux plantés d'arbres, ne brûloient point ce qu'elles
rencontroient ; elles rendoient une
odeur affez défagréable, qui n'a-
voit rien de fulfureux ; elles devoient être produites par des matières graffes, bitumineufes réunies
dans le fein de la terre, où elles
confumoient les corps auxquels
elles s'attachoient. On en juge par
ce qu'une fontaine proche de la
ville en avoit été troublée. & rendue femblable à de l'eau de favon,
non-feulement par fa couleur, mais
encore par une qualité abfterfive
qui lui étoit reftée. Il fe formoit
à fa fuperficie une écume qui fe
coaguloit en une matière fembla-

ble à du favon (*a*), & qui fe dif-
folvoit aifément dans l'eau. ( *Mém.*
*de l'acad. desfciences , tom.* 1. )

On ne dit pas fi l'éruption de
ces feux occafionna quelques changemens dans la température de
l'air; mais on voit par le fimple
expofé de ce qui fe paffoit alors ,
que des foudres fouterraines étoient
la caufe des fecouffes extraordinaires de ces montagnes. S'il n'y
eut que quelques édifices renverfés ,
fi la furface du fol ne fut point
bouleverfée, c'eft la folidité même
des montagnes, le foutien qu'elles
fe prêtèrent les unes les autres dans
les balancemens qu'elles éprouvèrent, qui les garantirent d'un plus

---

(*a*) Les eaux froides, favoneufes de
Plombières en Lorraine, fituées également
dans les Vofges, ont la même qualité : à
l'orifice de leur fource, il fe ramaffe à
quelque épaiffeur, un favon blanc affez
dur, fort doux, que l'on enlève de tems en
tems, & qui vaut le meilleur favon pour
blanchir le linge.

grand défastre. Si le foyer d'un feu auffi actif & auffi durable, eût été placé fous une partie du globe moins folide, fes efforts euffent fans doute renverfé quelques-unes des voûtes fous lefquelles il agiffoit, & caufé de ces défaftres effrayans, dans lefquels les villes & les montagnes difparoiffent de la furface de la terre, & font englouties dans fes profondeurs.

Le 7 février 1745, il y eut à Chriftianfad en Norvège un tremblement de terre; le fol y eft encore plus folide que dans les montagnes des Vofges, & il faut un plus grand effort pour l'ébranler. On entendit à neuf heures du matin un bruit femblable à celui de plufieurs chariots qui auroient paffé avec beaucoup de vîteffe fur le pavé. Beaucoup de perfonnes coururent aux fenêtres pour les voir. Dans le même moment toutes les maifons furent ébranlées, les fièges, les tables & les lits fe remuèrent, les verres & les porcelaines s'entrecho-

quèrent, les oiseaux qui étoient
dans les cages se mirent à voltiger,
& les personnes qui se prome-
noient dans les chambres commencèrent à chancheler. Comme ce jour
étoit un dimanche, il y avoit dans
ce moment un chapelain prêt à cé-
lebrer : il remarqua que l'autel &
les murailles du temple s'ébranlè-
rent, & que les cierges allumés
furent prêts à se renverser, la voûte
même menaça de s'entrouvrir. On
peut juger de l'effroi des assistans,
ils en furent cependant quittes pour
la peur. Les secousses ne durèrent
que deux ou trois minutes, & le
calme leur succéda. Ce qu'il y eut
de singulier, c'est que ceux qui n'é-
toient point dans les édifices, mais
qui étoient à pied dans la plaine
ne s'apperçurent point du tout de
ce tremblement de terre. Il s'étoit
fait sentir trente minutes auparavant à huit ou dix lieues à l'occi-
dent, dans la paroisse de Biéland,
& à neuf heures précises dans celle
de Mand, distante de quatre lieues.

La traînée de vapeurs souterraines faisoit donc environ seize lieues par heure, & il y a apparence que la cavité qui la contenoit étoit placée plus profondément que le fond de la mer, puisque la même secousse se fit sentir dans les isles de Halesand & quelques autres voisines de la côte. (*V. les mém. de l'acad. des sciences, an. 1745. hist. pag. 14.*)

La cause du bruit singulier qui annonça ce phénomène est dans la qualité même du sol de la Norvège : il est sec, pierreux, formé de rochers joints ensemble & recouverts d'un gros cailloutage. Le bruit & le mouvement furent plus sensibles dans les maisons que dans la campagne, parce qu'appuyées sur la masse agitée par les vapeurs & les exhalaisons souterraines, elles se trouvoient en quelque sorte à l'unisson du bruit que les cavernes intérieures rendoient. On pouvoit les considérer comme des instrumens sur lesquels le son excite des vibrations, & qu'il fait résonner dès qu'ils font difposés à l'uniffon. Toutes peut-être ne retentirent pas du même bruit, mais feulement celles qui étoient harmoniques & propres à donner des fons analogues à celui qui étoit produit dans les cavités de la terre. Ce qu'il eft plus important d'obferver, c'eft que le cinq & le fix de février le froid avoit été très-violent, & que le fept le dégel furvint contre toute efpérance ; ce qui prouve que les tremblemens de terre font toujours fuivis d'un changement de température, que par-tout ils changent la difpofition habituelle de l'air, & font très-capables de déranger l'ordre des faifons.

Le 19 mars 1750, à cinq heures quarante minutes du matin, il y eut un tremblement de terre à Londres, accompagné d'un bruit fouterrain affez fourd, qui fe termina par un bruit plus éclatant, femblable à celui d'un canon. Le bruit fut plus fenfible près des gros édifices. Précifément avant le tremblement

de terre, on avoit vu un nuage
noir, avec des éclairs continuels &
confus, lesquels cessèrent une minute ou deux avant le tremblement
qui dura trois ou quatre secondes.

Plusieurs soirs auparavant, on
avoit vu des vapeurs rougeâtres &
des arcs-en-ciel de même couleur
qui alloient de l'est à l'ouest, comme les secousses; il y eut quelques
cheminées renversées & des maisons endommagées. Dans le parc
de Saint James & ailleurs, on vit
la terre se gonfler & prête à crever
à trois reprises différentes. Les cloches sonnèrent d'elles-mêmes, les
chiens hurloient d'une manière affreuse, les poissons s'élançoient
hors de l'eau. La matière ignée
plus répandue dans la terre sortoit
alors par tous ses pores. Ses premières éruptions se manifestèrent
par quantité de météores aëriens,
qui se formèrent dans la partie de
l'atmosphère où elle se répandoit
immédiatement. Les animaux dont
l'organisation est plus délicate fu-

rent plus vivement affectés : à la fin
de ce phénomène, lorfque le fond
de la matière qui fe confumoit en-
voyoit dans l'air des exhalaifons
plus pénétrantes & plus défagréa-
bles, la même éruption fe faifoit
dans l'eau comme fur la terre, &
avoit les mêmes effets, à en juger
par le tourment où étoient les poif-
fons.

Le 13 avril de la même année,
on reffentit un tremblement de
terre de Liverpool à Manchefter en
Angleterre, il s'étendit à quarante
milles du fud au nord, & à trente
de l'eft à l'oueft; il fit peu de dommage. L'atmofphère étoit alors obf-
curcie d'un brouillard épais, fil-
lonné de raies rouges qui tendoient
toutes à un point commun. Cette
apparence dura quinze minutes, &
la fecouffe deux ou trois fecondes :
les émanations extraordinaies de
la matière ignée fe firent jour à
travers un air très-humide & fort
épais, & fe confervèrent affez
long-tems, avant que de fe divifer

& se répandre dans la masse de l'air.

Des observations plus suivies sur les changemens qu'occasionnent à l'atmosphère, les tremblemens de terre, par les matières qu'ils y dispersent tout d'un coup, avec une abondance extraordinaire, nous apprendroient sans doute que les plus grandes révolutions de l'air, que les vents les plus orageux, doivent leur origine aux fermentations qui se font dans le sein de la terre, aux mouvemens impétueux & violens, & aux éruptions qui les accompagnent. Les météores les plus formidables, les suivent plutôt encore qu'ils ne les précèdent. A la suite du furieux tremblement de terre qui renversa quatre mille maisons à Bagdad, le premier de mai 1769, il y eut un déluge de pluie mêlé de grosse grêle qui dura plus de deux heures, & acheva de détruire ce que le tremblement de terre avoit épargné. Les causes du mouvement convulsif de la terre paroisfoient

foient s'être répandues fubitement dans l'air, pour y exciter l'ouragan le plus dommageable.

Les tremblemens de terre qui fe font fait fentir dans ces derniers tems, ont prefque toujours précédé les altérations remarquables qui font arrivées dans l'ordre des faifons; ils femblent avoir occafionné les températures pluvieufes, humides & mal-faines qui l'emportent depuis quelques années fur toute autre. Dès le mois d'octobre 1769, nous avions eu des gelées affez vives, un tems fec, un air pur & ferein; cette même difpofition s'étoit renouvellée & foutenue pendant le mois de décembre, de façon à nous annoncer un hiver fec, fous un ciel ferein. On efpéroit avec fatisfaction que les vents de nord-eft domineroient. Mais on ne prévoyoit pas que des fermentations intérieures, des mouvemens marqués de la terre changeroient cette difpofition falutaire. Le 18 novembre, à quatre heures du matin, on essuya à Avignon de vives secousses de tremblement de terre, qui durèrent une minute & demie, & furent accompagnées d'un bruit souterrain semblable à de grands coups de vent. La direction des secousses étoit du nord au sud, & du sud au nord; on s'en apperçut à l'ébranlement des portes & des fenêtres. Un quart-d'heure après il tomba une pluie extraordinaire qui dura jusqu'à l'après-midi. Les secousses furent plus violentes à Roquemaure & à Bedarvidès, à deux lieues d'Avignon : plusieurs maisons & une grande partie des cheminées furent renversées. Le même jour le tonnerre gronda long-tems, & le soir les éclairs se succédoient avec tant de rapidité, que le ciel paroissoit tout en feu.

Le premier décembre suivant, vers les six heures & demie du soir, on ressentit à Rouen une secousse de tremblement de terre qui fut assez vive pour faire craindre à plusieurs personnes l'écroulement des maisons où elles étoient; cependant elle ne caufa aucun dommage dans la ville. On s'en apperçut à Ver-failles à fix heures trente-fix mi-nutes. Elle ne fut prefque pas fen-fible à Houlme, paroiffe fituée à une lieue de Rouen; mais le même foir vers les dix heures & demie, il y eut deux fecouffes beaucoup plus vives, qui durèrent près d'une minute, & cauférent la plus grande frayeur aux habitans. A Elbeuf, bourg à quatre lieues de Rouen, l'agitation fut beaucoup plus forte, les eaux de la Seine fe foulevèrent & mugirent avec bruit, pendant un moment, après lequel le calme fe rétablit. On avoit vu du côté de l'oueft, pendant le tremblement de terre, une lumière très-brillante qui s'éteignit prefque auffi-tôt après les fecouffes. Elle étoit inégalement difperfée dans l'air, & dans les dif-férentes lignes qu'elle décrivoit, elle laiffoit à fa fuite des traînées beaucoup plus enflammées que le corps d'où elle paroiffoit fortir.

L'atmosphère de ce pays étoit alors remplie d'un phlogistique furabondant, qui s'enflammoit par la chaleur & le mouvement qu'y répandoient ces flammes paffagères.

A l'autre extrémité de la France, du côté de Bitche, dans la Lorraine allemande, à Sarguemines & à Bouquenon en Alface, le 28 novembre 1769, on vit des météores finguliers qui répandirent l'allarme dans toutes les campagnes. Des globes de feu d'un volume confidérable, tomboient perpendiculairement avec explofion, d'autres s'élançoient horifontalement & fe diffipoient fans bruit. En quelques endroits ces feux en forme de fufée, de traits ou de chevrons, alloient d'une extrémité de l'horifon à l'autre : leur action fur l'air étoit marquée par un bruit fourd, femblable à celui d'un vent impétueux : leur groffeur paroiffoit confidérable ; ils répandoient à quelque diftance une clarté éblouiffante qui dura près d'une minute en quelques endroits.

Le tems étoit serein, mais froid, & il y avoit eu pendant quelques jours de la pluie avec beaucoup de vent. Nous avions eu la même température en Bourgogne, & le même jour, après un brouillard épais qui s'étoit glacé le matin à la surface de la terre déja gelée, le soleil avoit paru & ramené le beau tems par un vent de nord assez calme. La terre n'étoit pas encore assez resserrée pour empêcher ces exhalaisons ignées de sortir de son sein ; mais s'étant répandues dans un air refroidi, en se rapprochant pour s'opposer à l'action du froid, elles agirent sur elles-mêmes, s'allumèrent & produisirent les météores dont nous venons de parler. Ce phlogistique abondant répandu dans l'air y porte une cause de mouvement & de chaleur extraordinaire, qui dissout les vapeurs qui y circulent, les réunit & occasionne des pluies abondantes. Ces causes n'agissent pas tout d'un coup, elles s'établissent insensiblement. Les

vents de nord & d'eſt qui dominèrent au commencement de décembre, accumulèrent du côté de
l'oueſt & du ſud les exhalaiſons &
les vapeurs que ces météores ignées
avoient rendues très-fluides : elles
trouvèrent dans l'atmoſphère, en
tirant du midi au couchant, de
nouvelles matières homogènes dont
l'air s'étoit chargé à la ſuite des
tremblemens de terre qui s'y étoient
fait ſentir. L'atmoſphère de ces
régions étant devenue plus épaiſſe,
l'air prit ſon cours de l'oueſt & du
ſud au nord & à l'eſt. Ainſi ſe formèrent ces vents impétueux qui
amenèrent des pluies fortes & continuelles depuis le 10 décembre
juſqu'au 26, avec des ouragans qui
ſe ſuccédèrent pendant pluſieurs
jours de ſuite. Dans tout cet intervalle, la température fut plus chaude que froide, & l'air conſtamment
épais & humide. On voyoit les plantes ſe développer comme à la fin de
l'hiver ; les émanations de la terre
étoient ſi fortes & ſi chaudes que

les insectes étoient par-tout en
mouvement, les taupes travail-
loient aussi fort qu'au commencement du printems, & si cette température eût duré, il est probable
que les plantes & les arbres se feroient développés dès le commencement de janvier.

*Fin du Tome huitième.*

# TABLE
## DES MATIERES
### DU TOME HUITIEME.

#### A

Y vj

## R

## S

SAINTE-EUPHÉMIE, bourg du royaume de Naples, englouti, 478

SAISONS des tonnerres, 352. 362

SELS différens : dans la matière de la foudre expliquent ses effets, 205

SÉNÈQUE : ce qu'il a écrit sur l'éclair, le tonnerre & la foudre, 33. —— précis de l'explication qu'il en donne, 52. & suiv.

SOLEIL : comment considéré au centre de l'Amérique, 17

SON : vîtesse avec laquelle il se répand, 127. —— bruit du tonnerre comparé, 130

SON des cloches, & bruit du canon dans les orages : leur effet, 399. 407. —— préjugés du peuple à ce sujet, 401. 405. —— ce qui peut avoir introduit cet usage, 408

SOUFRE : sa force & son activité, 201

## T

TAMBOURS d'airain des Parthes : jettent l'effroi dans les armées Romaines, 11

TERREUR du tonnerre : moyen de la diminuer, 6. 21

TONNERRE & foudre : première idée de l'effroi qu'ils inspirent, 5

TONNERRE : ses espèces différentes suivant les anciens, 39. —— sans foudre : sa ma-

*Fin de la Table du Tome huitième.*

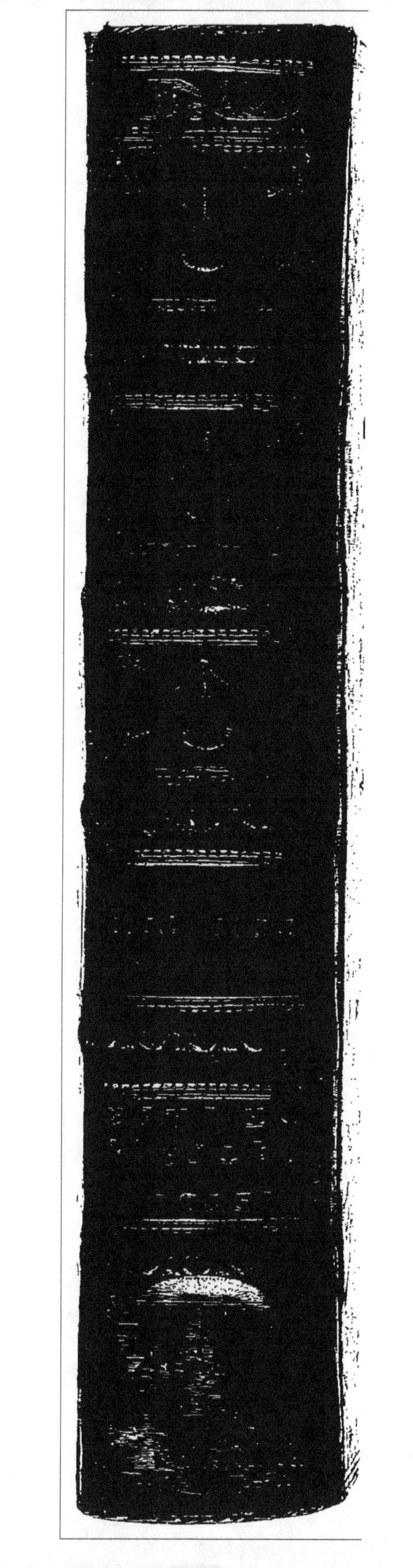